爱阅读课程化丛书/快乐读书吧

爱阅读

# 森林报

［苏］维·比安基／著

立　人／编译

天地出版社

TIANDI PRESS

图书在版编目（CIP）数据

森林报 / [苏]维·比安基著；立人编译. — 成都：
天地出版社, 2020.12（2024.11 重印）
（爱阅读）
ISBN 978-7-5455-5814-2

Ⅰ.①森… Ⅱ.①维… ②立… Ⅲ.①森林—青少年
读物 Ⅳ.① S7-49

中国版本图书馆 CIP 数据核字（2020）第 123821 号

SENLIN BAO

# 森林报

[苏]维·比安基 著　　立人 编译

—— 阅读·成长 ——

出品人　　杨　政

项目统筹　田佰根　王　猛　万可彪　赵亚珍
监　制　　刘俊枫　王莉莉
营销策划　田金香　吴　淼
责任编辑　蔡龙英
绘　图　　王　珊
装帧设计　宋双成
排版制作　书香文雅
责任印制　白　雪

出版发行　天地出版社
　　　　　（成都市锦江区三色路 238 号　邮政编码：610023）
　　　　　（北京市方庄芳群园 3 区 3 号　邮政编码：100078）
网　址　　http://www.tiandiph.com
电子邮箱　tianditg@163.com

印　刷　　天津鑫恒彩印刷有限公司
版　次　　2020 年 12 月第一版
印　次　　2024 年 11 月第三次印刷
开　本　　700mm×1000mm 1/16
印　张　　15　　彩插　0.375
字　数　　237 千
定　价　　24.80 元
书　号　　ISBN 978-7-5455-5814-2

农场生活

躲藏起来

冬季的海豹

# | 总序 |

北京书香文雅图书文化有限公司的李继勇先生与我联系，说他们策划了一套"爱阅读"丛书，读者对象主要是中小学生，这套书可以作为学生的课外阅读用书，希望我写篇序。作为一名语文教育工作者，为学生推荐优秀课外读物责无旁贷，在最近"双减"政策的大背景下，也更有意义。

## 一、"双减"以后怎么办？

前不久，中共中央办公厅、国务院办公厅印发了《关于进一步减轻义务教育阶段学生作业负担和校外培训负担的意见》，对义务教育阶段学生的作业和校外培训作出严格规定。这是一件好事。曾几何时，我们的中小学生作业负担重，不少孩子不是在各种各样的培训班里，就是在去培训班的路上。孩子们"学"无宁日，备尝艰辛；家长们焦虑不安，苦不堪言。校外培训机构为了增强吸引力，到处挖墙脚；有些老师受利益驱使，不能安心从教。他们的行为破坏了教育生态，违背了教育规律，严重影响了我国教育改革发展。教育是什么？教育是唤醒，是点燃，是激发。而校外培训的噱头仅仅是提高考试成绩，让孩子在中高考中占得先机。他们的广告词是"提高一分，干掉千人"，他们大肆渲染"分数为王"。在这种压力之下，孩子们面对的是"分萧萧兮题海寒"，他们不得不深陷题海，机械刷题。假如只有一部分孩子上培训班，提高的可能是分数。但是，如果大多数孩子或者所有孩子都去上培训班，那提高的就不是分数，而只是分数线。教育的根本任务是立德树人，是培根铸魂，是启智增慧，是让学生德智体美劳全面发展，是培养社会主义建设者和接班人，是为中华民族伟大复兴提供人才，而不是培养只会考试的"机器"，更不能被资本绑架。所以中央才"出重拳""放实招"，目的就是要减轻学生过重的课业负担，减轻家长过重的经济和精神负担。

"双减"政策出台后，学生们一片欢呼，再也不用在各种培训班之间来回奔波了，但家长产生了新的焦虑：孩子学习成绩怎么办？而对学校老师来说，这是一个新挑战、新任务，当然也是新机遇。学生在校时间增加，要求老师提升教学水平，科学合理布置作业，同时开展课外延伸服务，事实上是老师陪伴学生的时间增加了。这部分在校时间怎么安排？如何让学生利用好课外时间？这一切考验着老师们的智慧，而开展各种课外活动正好可以解决这个难题，比如：热爱人文的，可以参加阅读写作、演讲辩论、学习传统文化和民风民俗等社团活动；喜爱数理的，可以参加科普科幻、实验研究、统计测量、天文观测等兴趣小组；也可以参加体育比赛、艺术（音乐、美术、书法、戏剧）体验和劳动教育等实践活动。当然，所有的活动都应以培养学生的兴趣爱好为目的，以自愿参加为前提。学校开展课后服务，可以多方面拓展资源，比如博物馆、图书馆、科技馆、陈列馆、少年宫、青少年活动中心，甚至校外培训机构的优质服务资源，还可组织征文比赛、志愿服务、社会调查等，助力学生全面发展。

## 二、课外阅读新机遇

近年来，"新课标""新教材""新高考"成为语文教育改革的热词。前不久，我看到一个视频，说语文在中高考中的地位提高了，难度也加大了。这种说法有一定道理，但并不准确。说它有一定道理，是因为语文能力主要指一个人的阅读和写作能力，而阅读和写作能力又是一个人综合素养的体现。语文能力强，有助于学习别的学科。比如：数学、物理中的应用题，如果阅读能力上不去，读不懂题干，便不能准确把握解题要领，也就没法准确答题；英语中的英译汉、汉译英题更是考查学生的语言表达能力；历史题和政治题往往是给一段材料，让学生去分析、判断，得出结论，并表述自己的观点或看法。从这点来说，语文在中高考中的地位提高有一定道理。说它不准确，有两个方面的理由：一是语文学科本来就重要，不是现在才变得重要，之所以产生这种错觉，是因为在应试教育的背景下，语文的重要性被弱化了；二是语文考试的难度并没有增加，增加的只是阅读思维的宽度和广度，考查的是阅读理解、信息筛选、应用写作、语言表达、批判性思维、辩证思维等关键能力。可以说，真正的素质教育必须重视语文，因为语文是工具，是基础。不少家长和教师认为课外阅读浪费学习时间，这主要是教育观念问题。他们之所以有这种想法，无非是认为考试才是最终目的，希望孩子可以把更多时间用在刷题上。他们只看到课标和教材的变化，以为考试还是过去那一套，其实，考试评价已发生深刻变革。目前，考试评价改革与新课标、新教材改革是同向同行的，都是围绕立德树人做文章。中共中央、国务院印发的《深化新时代教育评价改革总体方案》明确指出："稳步推进中高考改革，构建引导学生德智体美劳全面发展的考试内容体系，改变相对固化的试题形式，增强试题开放性，减少死记硬背和'机械刷题'现象。"显然就是要用中高考"指挥棒"引领素质教育。新高考招生录取强调"两依据，一参考"，即以高考成绩和高中学业水平考试成绩为依据，以综合素质评价为参考。这也就是说，高考成绩不再是高校选拔新生的唯一标准，不只看谁考的分数高，还要看谁更有发展潜力、更有创造性、综合素质更高，从而实现由"招分"向"招人"的转变。而这绝不是仅凭一张高考试卷能够区分出来的，"机械刷题"无助于全面发展，必须在课内学习的基础上，辅之以内容广泛的课外阅读，才能全面提高综合素养。

### 三、"爱阅读"助力成长

这套"爱阅读"丛书是为中小学生量身打造的，符合《义务教育语文课程标准》倡导的"好读书、读好书、读整本书"的课改理念，可以作为学生课内学习的有益补充。我一向认为，要学好语文，一要读好三本书，二要写好两篇文，三要养成四个好习惯。三本书指"有字之书""无字之书"和"心灵之书"，两篇文指"规矩文"和"放胆文"，四个好习惯指享受阅读的习惯、善于思考的习惯、乐于表达的习惯和自主学习的习惯。古人说"读万卷书，行万里路"，实际上就是要处理好读书与实践的关系。对于中小学生来说，读书首先是读好"有字之书"。"有字之书"，有课本，有课外自读课本，还有"爱阅读"这样的课外读物。读书时我们不能眉毛胡子一把抓，要区分不同的书，采取不同的读法。一般说来，有精读，有略读。精读需要字斟句酌，需要咬文嚼字，但费时费力。当然也不是所有的书都需要精读，可以根据自己的需要决定精读还是略读。新课标提倡中小学生进行整本书阅读，但是学生往往不能耐着性子读完一整本书。新课标提倡的整本书阅读，主要是针对过去的单篇教学来说的，并不是说每本书都要从头读到尾。教材设计的练习项目也是有弹性的、可选择的，不可能有统一的"阅读计划"。我的建议是，整本书阅读应把精读、略读与浏览结合起来。精读重在示范，略读重在博览，浏览略观大意即可，三者相辅相成，不宜偏于一隅。不仅如此，学生还可以把阅读与写作、读书与实践、课内与课外结合起来。整本书阅读重在掌握阅读方法，拓展阅读视野，培养读书兴趣，养成阅读习惯。

再说写好两篇文。学生读得多了，素养提高了，自然有话想说，有自己的观点和看法要发表。发表的形式可以是口头的，也可以是书面的，书面表达就是写作。写好两篇文，一篇"规矩文"，一篇"放胆文"。"规矩文"重打基础，"放胆文"更见才气。"规矩文"要求练好写作基本功，包括审题、立意、选材、构思等，同时还要掌握记叙文、议论文、说明文、应用文的基本要领和写作规范。"规矩文"的写作要在教师的指导下进行。"放胆文"则鼓励学生放飞自我、大胆想象，各呈创意、各展所长，尤其是展现自己的应用写作能力、语言表达能力、批判性思维能力和辩证思维能力。"放胆文"的写作可以多种多样，除了写大作文，也可以写小作文。有兴趣的还可以进行文学创作，写诗歌、小说、散文、剧本等。

学习语文还要养成四个好习惯。第一，享受阅读的习惯。爱阅读非常重要。每个同学都应该有自己的个性化书单，有的同学喜欢网络小说也没有关系，但需要防止沉迷其中，钻进"死胡同"。这套"爱阅读"丛书，就给中小学生课外阅读提供了大量古今中外的名家名作。第二，善于思考的习惯。在这个大众创业、万众创新的时代，创新人才的标准，已不再是把已有的知识烂熟于心，而是能够独立思考，敢于质疑，能够自己去发现问题、提出问题和解决问题，需要具有探究质疑能力、独立思考能力、批判性思维和辩证思维能力。第三，乐于表达的习惯。表达的乐趣在于说或写的过程，这个过程比说得好、写得完美更重要。写作形式可以不拘一格，比如作文、日记、笔记、随笔、漫画等。第四，自主学习的习惯。我的地盘我做主，我的语文我做主。不是为老师学，也不是为父母长辈学，而是为自己的精神成长学，为自己的未来学。

愿广大中小学生能借助这套"爱阅读"丛书，真正爱上阅读，插上想象的翅膀，飞向未来的广阔天地！

石之川

2021 年 10 月 15 日

写于京东大运河畔之两不厌居

# 阅读领航

## 阅读准备

### ·作家生平·

维·比安基（1894—1959），苏联著名儿童文学作家。他的父亲是一位著名的自然科学家，受家庭的熏陶，他从小就对大自然有浓厚的兴趣，后来报考并进入彼得堡大学。

1923年，比安基成为彼得堡学前教育师范学院儿童作组成员，开始在杂志《麻雀》上发表作品，从此一发不可收。仅在1924年，他就发表了《森林小屋》《谁的鼻子更好》《在海岸大道上》《第一次狩猎》等多部作品。

比安基一生发表了300多部作品，包括童话和中、短篇小说，享有"发现森林第一人""森林哑语翻译者"的美誉，《森林报》是他的代表作。这部书于1927年出版后，连续再版，深受青少年的喜爱。1959年，比安基因脑出血逝世。

### ·创作背景·

1924—1925年，维·比安基主持《新俄滨冰》杂志，在该杂志上开辟《森林》专栏，这就是《森林报》的前身。

1927年，《森林报》结集第一次出版，到1959年，已再版9次，每次都增加了一些新内容，使《森林报》的内容更为丰富。比如，一条没有翅膀的蚊子是怎么从地下钻出来的？麻雀在哪个季节休温比较低，是冬季还是夏季？什么昆虫把耳朵生在腿上？蝴蝶秋天都藏到哪里去了？虾在哪里过冬？森林中哪种飞禽的眼睛靠近后脑勺，为什么？蝙蝠根冬天吃什么？什么鸟的叫声跟狗差不多……这些非常有趣的问题，都会在《森林报》中找到让你信服的答案。

### ·作品速览·

《森林报》是一部百科全书，里面的内容涉及整个大自然，包括各种飞禽走兽、水里游的、天上飞的、地上跑的、土里钻的……还有许许多多的植物，可以说是应有尽有。

### ·文学特色·

一、将真实的生活与虚构的故事巧妙结合。《森林报》是一部写实的科普作品，也是一部真实的生活与虚构的故事巧妙结合在一起的别开生面的儿童文学名著。

二、作品的表现形式别具一格。《森林报》借用了报道的形式，但不是传统意义上的报纸，而是一部完整的文学作品，以"报"的名义，按照12个月的顺序，根据不同季节自然界万物的生活状况和面貌，将全书内容分为12个月，从而使作品的表现形式更加活泼生动，内容更为丰富多彩，让人们赏析。

三、作品内容真实鲜活、可读性极强。维·比安基有着30多年的创作经验，能理真实地描写动植物的生活，总以轻快的笔触给你引人入胜的故事情节，从而使作品生动、活泼，具有可读性，也极具感染力。

"作家生平"，走近作家，一睹作家风采；"创作背景"，了解作品创作的时代背景；"作品速览"，把握故事全貌、主题意蕴；"文学特色"，发掘作品深刻的文学价值，以增进理解，提高阅读效率。

## 阅读总结

### 名家心得

这无异于一部令人敬仰的圣书，其中蕴含着伟大的博物学精神。
——俄罗斯诗人·梁·勃洛克

关于比安基，我不好说。他也值得夸宁，聪明地考虑要如何飞禽走兽的。其实，他也依然是在教导孩子们怎样在长大后做一个真正的人。
——比安基的学生 奇鹃

大自然是俄罗斯人的第二家，对大自然的深情是俄罗斯的文学传统之一，一恕多俄罗斯文学把动物和植物作为自己的朋友，而比安基就正是其中的佼佼者。
——中国俄罗斯文学研究会会长、著名翻译家 刘文飞

### 读者感悟

《森林报》里面有许多有趣的故事，它是按春、夏、秋、冬的顺序写的，为我们揭示了森林里一幅幅美丽的画面。

《大地苏醒》这篇文章讲了春天到来时的场景，鸟、兽都非常欢迎春天，小

"名家心得"，听听名家怎么说；"读者感悟"，看看别人怎么想；"阅读拓展"，帮你丰富文学知识，增强艺术感受力；"真题演练"，考查阅读本书后的效果，是对阅读成果的巩固和总结。习题具有一定的延伸性和扩展性，对于没有回答上来的问题，读者可以借此发现阅读上的不足，心中带着疑问，为下一次的精读做好准备。

## 真题演练

1.从几月到几月是候鸟离乡月？（  ）
A.8～9月  B.9～10月  C.10～11月
2.蜘蛛长了几条腿？（  ）
A.四条  B.六条  C.八条
3.哪种动物孩子还没出生，先交给谁认找那？（  ）
A.杜鹃  B.带鱼  C.森鹰
4.鸟和爬虫重要怕冷？（  ）
A.鸟  B.爬虫
5.什么野禽会飞？（多选）（  ）
A.蝙蝠  B.飞鼠  C.袋鼠
6.当人们捕捉什么鸟飞回来了就认为你不死了？（多选）（  ）
A.杜鹃  B.白鹤鸪  C.燕子
7.蜘蛛是昆虫吗？（  ）
A.是  B.不是
8.哪种动物脑出生2年后，死亡一次？（  ）
A.乌龟  B.蝉龟  C.鲤鱼
9.哪种鸟"狂江"地叫？（  ）
A.灰白山鸣  B.蛐蛐山鸣  C.杜鹃
10.动物们沉睡是从几月到几月？（  ）
A.10～11月  B.12～1月  C.1～2月

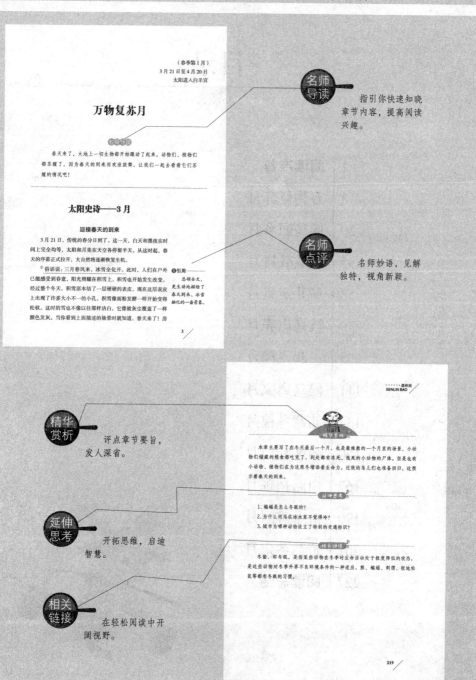

（春季第1月）
3月21日至4月20日
太阳进入白羊宫

## 万物复苏月

名师导读

春天来了，大地上一切生物都开始躁动了起来。动物们、植物们都苏醒了，因为春天的到来而欢欣鼓舞。让我们一起去看看它们苏醒的情况吧！

### 太阳史诗——3月

#### 迎接春天的到来

3月21日，传统的春分日到了。这一天，白天和黑夜在时间上完全均等，太阳和月亮在天空各停留半天。从这时起，春天的序幕正式拉开，大自然将逐渐恢复生机。

①俗话说：三月春风来，冰雪全化开。此时，人们在户外已能感受到春意，阳光照耀在积雪上，积雪也开始发生改变。经过整个冬天，积雪原本结了一层硬硬的表皮，现在这层表皮上出现了许多大小不一的小孔，积雪像面粉发酵一样开始变得松软。这时的雪也不像以往那样洁白，它像被灰尘覆盖了一样颜色发灰。当你看到上面描述的场景时就知道，春天来了！房

❶引用——总领全文，更生动地描绘了春天到来、冰雪融化的一番景象。

3

**名师导读** 指引你快速知晓章节内容，提高阅读兴趣。

**名师点评** 名师妙语，见解独特，视角新颖。

森林报
SENLIN BAO

精华赏析

本章主要写了在冬天最后一个月，也是最难熬的一个月里的场景，小动物们储藏的粮食都吃完了，到处都有冻死、饿死的小动物的尸体。但是也有小动物、植物们在为这寒冬增添着生命力。迁徙的鸟儿们也准备回归，这预示着春天的到来。

延伸思考

1. 蝙蝠是怎么冬眠的？
2. 为什么河乌在冰水里不觉得冷？
3. 城市为哪种动物设立了特别的交通标识？

相关链接

冬蛰，即冬眠，是指某些动物在冬季时生命活动处于极度降低的状态，是这些动物对冬季外界不良环境条件的一种适应。熊、蝙蝠、刺猬、极地松鼠等都有冬眠的习惯。

219

**精华赏析** 评点章节要旨，发人深省。

**延伸思考** 开拓思维，启迪智慧。

**相关链接** 在轻松阅读中开阔视野。

# Contents

## 目录

## ·作家生平·

维·比安基（1894—1959），苏联著名儿童文学作家。他的父亲是一位著名的自然科学家。受家庭的熏陶，他从小就对大自然有浓厚的兴趣，后来报考并进入彼得堡大学。

1923年，比安基成为彼得堡学龄前教育师范学院儿童作家组成员，开始在杂志《麻雀》上发表作品，从此一发不可收。仅仅在1924年，他就发表了《森林小屋》《谁的鼻子更好》《在海洋大道上》《第一次狩猎》等多部作品。

比安基一生发表了300多部作品，包括童话和中、短篇小说，享有"发现森林第一人""森林哑语翻译者"的美誉。《森林报》是他的代表作。这部书自1927年出版后，连续再版，深受青少年的喜爱。1959年，比安基因脑出血逝世。

## ·创作背景·

1924—1925年，维·比安基主持《新鲁滨孙》杂志，在该杂志开辟《森林》专栏，这就是《森林报》的前身。

1927年，《森林报》结集第一次问世出版，到1959年，已再版9次，每次都增加了一些新内容，使《森林报》的内容更为丰富。比如，一些没有翅膀的蚊子是怎么从地下钻出来的？麻雀在哪个季节体温比较低，是冬季还是夏季？什么昆虫把耳朵生在腿上？蝴蝶秋天都藏到哪里去了？虾在哪里过冬？森林中哪种飞禽的眼睛靠近后脑勺，为什么？癞蛤蟆冬天吃什么？什么鸟的叫声跟狗差不多……这些非常有趣的问题，都会在《森林报》中找到完整而让人信服的答案。

## ·作品速览·

《森林报》是一部百科全书，里面的内容涉及整个大自然，包括各种飞禽走兽：水里游的。天上飞的，地上爬的，土里钻的……还有许许多多的植物，可以说是应有尽有。

## ·文学特色·

一、将真实的生活与虚构的故事巧妙结合。《森林报》是一部写实的科普作品，也是一部真实的生活与虚构的故事巧妙结合在一起的别开生面的儿童文学名著。

二、作品的表现形式别具一格。《森林报》借用了报道的形式，但不是传统意义上的报纸，而是一部完整的文学作品，以"报"的名义，按照12个月的顺序，根据不同季节自然界万物的生活状况和面貌，将全书内容分为12期呈现，从而使作品的表现形式更加活泼生动，内容更为丰富多彩，让人不忍释卷。

三、作品内容真实鲜活，可读性极强。维·比安基有着30多年的创作经验，最擅长的就是描写动植物的生活。他以轻快的笔触创作引人入胜的故事情节，从而使作品生动、活泼，极具可读性，也极具感染力。

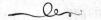

# 万物复苏月

名师导读

　　春天来了，大地上一切生物都开始躁动了起来。动物们、植物们都苏醒了，因为春天的到来而欢欣鼓舞。让我们一起去看看它们苏醒的情况吧！

## 太阳史诗——3月

### 迎接春天的到来

　　3月21日，传统的春分日到了。这一天，白天和黑夜在时间上完全均等，太阳和月亮在天空各停留半天。从这时起，春天的序幕正式拉开，大自然将逐渐恢复生机。

　　①俗话说：三月春风来，冰雪全化开。此时，人们在户外已能感受到春意，阳光照耀在积雪上，积雪也开始发生改变。经过整个冬天，积雪原本结了一层硬硬的表皮，现在这层表皮上出现了许多大小不一的小孔，积雪像面粉发酵一样开始变得松软。这时的雪也不像以往那样洁白，它像被灰尘覆盖了一样颜色发灰。当你看到上面描述的场景时就知道，春天来了！房

❶引用

　　总领全文，更生动地描绘了春天到来、冰雪融化的一番景象。

3

**❶拟人**

把麻雀的雀跃形容成嬉戏玩耍,把它们的叫声描述成传递信息,形象生动地描绘出春天的场景。麻雀的高兴从侧面烘托出大自然欣欣向荣的景象。

**❷动作描写**

说明大家对鸟类的关爱。

📝读书笔记

檐上的冰凌开始融化,小水滴滴滴答答地落到地上,形成大大小小的水洼。①街头的麻雀等待了一个冬天,它们成群地在水洼里嬉戏,叽叽喳喳的欢叫声传递着它们的喜悦。麻雀的叫声引起了花园里的山雀的注意,于是它们也用最美妙的歌声附和着。

春天的阳光无私地将温暖洒向大地,温柔地唤醒还在沉睡的河湖和森林。它像救世主一样,拯救着被积雪覆盖了一个冬天的大地。在温暖的阳光的照耀下,褐色的土地露出了它原本的面容。

按照俄罗斯的传统风俗,春分这天早上,人们要吃一种叫作"烤云雀"的面食来庆祝春天的到来。这种面食做起来很简单:首先把面团做成圆形面包状,然后捏出"鸟嘴",再用葡萄干做出"鸟的眼睛",最后放到烤箱烤熟即可。从这一天起,爱鸟月正式开始,②人们纷纷打开鸟笼放飞小鸟,孩子们则在树杈上安放好自制的鸟窝。当然,细心的孩子还会为喜爱筑巢的椋鸟、山雀们做出一个个树洞式的鸟巢,并准备好谷粒来迎接鸟儿们。关于鸟类知识的主题报告会也陆续在学校和俱乐部进行,这些报告会的主旨是宣传鸟类对保护森林和田园的重要性,并倡议人们不要伤害这些自然界的精灵。

而在三月,融化的冰雪让母鸡们在家门口就能喝到水。

# 林中纪事

## 发自森林的第一封电报

### 秃鼻乌鸦拉开了春天的序幕

秃鼻乌鸦作为第一批返回的候鸟带来了春天的消息,积雪一融化，它们便成群地返回故地。

它们和其他候鸟一样，都是秋天飞到温暖的南方过冬，春天天气转暖以后再飞回来。①秃鼻乌鸦要飞跃几千公里，而且还要面对突如其来的恶劣天气，所以总有一些秃鼻乌鸦不幸地长眠于迁徙的路上。

身强体壮的秃鼻乌鸦在迁徙过程中占着先天优势，它们总是冲在最前头，所以第一批回到故乡的也是它们。看，此时它们正在田间悠闲地用尖尖的嘴巴凿开冻土，寻找一切可以吃的食物。

②春天的天空明亮而湛蓝，棉花糖一样的朵朵白云静静地飘浮在蓝天之上。金翅雀、山雀和戴菊鸟放声歌唱，欢迎从南方归来的鸟儿们。椋鸟和云雀这时也已经动身向故乡飞去。代表生命力的新特角从驼鹿和狍子头上长了出来，紧跟着，第一批野兽幼崽也降生了。这时，一棵有熊窝的云杉树旁，就会出现一些守候的人，他们在等待冬眠的熊苏醒的那一刻。届时，这一消息会第一时间传遍整个大地。

夜晚来了，这个世界又回到冰冷的现实中，春天的萌芽暂时躲了起来，白天融化的水又变成了坚硬的冰。

## 森林里的第一枚蛋

秃鼻乌鸦的窝通常会搭筑在高高的云杉树上。树上的积雪还没有完全消融，乌鸦妈妈就迫不及待地产下了今年的第一枚蛋。③为了宝宝不被冻死，细心的乌鸦妈妈会一直卧在宝宝身边，用自己的体温温暖着它们，直到春天来临。而乌鸦爸爸也会担负起寻找食物的重任，保证一家大小不被饿着。

## 第一批绽开的花儿

地面上的雪还很厚，但森林边的小河已经化开，清澈的河

❶叙述
　　说明了秃鼻乌鸦迁徙路途艰辛，即便如此，它们依旧坚持飞回来报春。

❷比喻
　　形象地描绘出了白云雪白、轻盈的特点。

❸动作描写
　　表现了乌鸦妈妈对自己宝宝的爱护。

水哗哗地淌着。只见一棵光秃秃的榛树的树梢上，竟然开出了今年第一批小花儿。

**❶比喻**·················

形象地描绘出了花的形状。

①树枝上吊着的一个个灰色小尾巴状的东西，看起来极富弹性，这些是柔荑花序。当你使劲摇晃树干时，花粉就会从小尾巴里纷纷飘落下来。令人意想不到的是，树枝上还有其他的花儿，这些花儿太小，三三两两挤在一起，让人误以为是树的嫩芽。花上冒出一些细茸茸的东西，那就是雌花的柱头，它们是用来接受花粉用的。

树上还没有长出新叶，风儿轻柔地穿梭于树枝之间，轻抚着这些柔荑花序，帮助它们授粉。

榛树的花儿不久就会凋落，那时这些小尾巴状的花序将不复存在；接着柱头干枯，最终结出一颗颗榛子。

发自尼·巴甫洛娃

## 春天的颜色

自然界遵循弱肉强食的法则，温驯的食草动物往往会遭到食肉动物的捕杀，这在森林里表现得尤为明显。

冬天，白兔和白山鹑换上了白色的毛，这种颜色有利于它们在雪地里躲藏。但是当冰雪融化之后，这种醒目的颜色让狼、狐狸、鹞鹰等视力极佳的食肉动物很容易发现它们，给它们带来危险。

**❷拟人**·················

写出了白兔和白山鹑的生动活泼。

不过，我们都想错了。②聪明的白兔和白山鹑一到春天就会脱下白色的衣服，换上其他颜色的衣服。这时，白兔换上灰色的衣服，白山鹑换上了暗色条纹的羽衣，这样它们就不容易被发现了。

当然，食肉动物也有它们的策略。比如伶鼬和白鼬冬天也会换上雪白的皮衣，这样它们在雪地里穿行，就很难被发现。

春天一来，它们脱掉白色的衣服，也换上灰土色的衣服。不过，不管什么季节白鼬的尾巴都会带着一圈黑斑。虽然在白雪堆里黑斑比较显眼，但是这并不影响它捕食。

## 过冬的鸟儿

①铁爪鹀和雪鹀冬天就飞到我们这里过冬。这些长着白色羽毛的小鸟成群结队，在列宁格勒州的道路两旁随处可见。

它们的家乡在遥远的北冰洋沿岸，现在那里到处都结了厚厚的冰，天气冷得令人无法想象。只有春天来了，那里才会解冻。

**❶叙述**

说明了鸟儿在当地非常常见。

## 可怕的雪崩

森林里发生了难得一见的雪崩。

最先知道这件事的是松鼠一家，它们的家建在云杉的枝杈间。雪崩发生时，松鼠一家正在呼呼睡大觉呢。

突然，一团雪球就从树梢上掉了下来，房顶上传来一声巨响。这可把松鼠妈妈吓坏了，它急忙从窝里跳了出来，可刚出来的松鼠宝宝却被埋在了雪里。

松鼠妈妈急忙把积雪刨开，幸亏房顶是用粗树枝搭建的，雪也只是压住了房顶，房里的一切还好好的。小松鼠们此刻根本不知道外边发生了什么，它们还在睡觉。这也难怪，它们刚刚出生，实在太小了，耳朵还听不到外边的声音。②看它们浑身光溜溜的，眼睛紧紧地闭着，睡得多香甜啊！

**❷外貌描写**

形象地描绘了小松鼠刚出生时的样子。

## 潮湿的房子

积雪开始融化，地穴动物可就倒霉了。鼹鼠、鼩鼱、野鼠、田鼠和狐狸整天不知所措，因为积雪融化成水，接着水渗到地下，把它们的洞穴弄得潮湿不堪。还好积雪不是一下全部融化，不然它们的洞穴早就不复存在了。

## 晶莹的"小穗"

沼泽地里的雪全融化了，水填满了草丛间的空隙。草丛中，光滑的绿茎上晃动着一些银白色的小穗儿。① 难道它们是去年秋天来不及飘走的草籽，在冰雪下面度过了整个冬天？可是，它们是那么干净和新鲜，并不像上一年剩下来的呀。

**❶疑问**

对草丛中出现的银白色的小穗儿感到好奇。

摘下一根小穗儿，拨开上面覆盖的茸毛，你会发现里面藏着金色的雄蕊和细丝般的柱头。原来这是羊胡子草的花儿！羊胡子草开花比较早，此时的夜晚还相当寒冷，这些茸毛能起到保暖的作用呢。

发自尼·巴甫洛娃

## 秃鼻乌鸦和鹞鹰

此时，我正站在一座高山的山顶，视野相当开阔。我看到一只鹞鹰立在一棵树上休息，一大群秃鼻乌鸦出现了，这群黑色的家伙全都扑向那只鹞鹰。② 鹞鹰也发怒了，它尖叫着向一只秃鼻乌鸦猛扑过去。那只秃鼻乌鸦惊慌失措，慌忙躲避。鹞鹰并不恋战，又尖叫一声向高空冲去。秃鼻乌鸦飞行高度有限，只能眼巴巴地看着鹞鹰越飞越远，到嘴的猎物就这样逃跑了。

**❷动作、神态描写**

说明乌鸦不是鹞鹰的对手。

发自驻森林通讯员 康·梅什里耶夫

## 发自森林的第二封电报

空中传来两种美妙的叫声，是椋鸟和云雀发出的。它们从南方飞回来了。

我们的森林通讯员还在坚守着，等待熊醒来的那一刻。可是它迟迟没有动静，甚至有人怀疑它是不是被冻死了。

突然，洞里有了动静。

一只动物从雪里钻了出来，可它并不是熊。① 这只动物的长相类似于猪，身上的毛很长，灰白色的脑袋中间有两条黑条纹，肚皮也是黑色的。你能猜出它是什么动物吗？

这个洞也不是熊洞，而是一个獾洞。獾已经从冬眠中醒来，由于饿了一个冬天，它急于到森林里找食物充饥，如蜗牛、幼虫、甲虫甚至植物细根等都是它爱吃的。

森林通讯员还在森林里继续寻找熊的下落，这回他们真的找到了一个熊洞。可是这只熊还没有从冬眠中醒来。

河面上漂着断裂的冰块。春天是松鸡发情的季节，它们为繁育下一代做着准备。森林医生啄木鸟也在忙碌着，森林里不时发出它啄树的声音。那正在刨冰的小鸟叫白鹡鸰。

冰雪融化后，道路非常泥泞，人们把雪橇收起来，开始赶马车出行了。

# 城市新闻

## 屋顶上开音乐会

② 一到晚上，猫儿们就变得兴奋起来，它们在屋顶上聚会嬉闹，就像在开一场音乐会。争斗在它们之间是避免不了的，所以聚会往往不欢而散。

## 阁楼上的人家

最近，《森林报》的一位通讯员把观察重点放在了市区中的动物们身上，特别是住在阁楼中的动物。

有些鸟儿生活在有人类活动的城市。在寒冷的冬季，它们的生活要比野外的鸟儿们舒服多了：感觉到冷了，它们可以靠近烟囱，就可以享受到温暖了。③ 鸽子就是生活在城市中的鸟

**❶外貌描写**
形象地描绘了獾子的长相。

**❷比喻**
生动形象地描写了猫儿数量之多以及热闹的场面。

**❸叙述**
写城里的鸟儿们都在忙碌。

儿。这时，母鸽子要准备孵蛋了，麻雀和寒鸦则忙着寻找合适的材料来做鸟窝，而柔软的稻草和羽毛是最好的材料。

猫和淘气的男孩子一直都是这些鸟儿的噩梦，它们辛辛苦苦筑造的巢穴经常会被他们破坏掉。

## 麻雀的恐慌

椋鸟的巢穴里发生了打斗，战斗很激烈。原来是麻雀占据了椋鸟的巢，椋鸟从外边飞回来看到这一幕时，很生气，它开始把麻雀一只只往外轰。麻雀放在巢里的所有物品，它毫不留情地全扔了出去。羽毛、草茎都随风飘走了。

一个水泥工正在房檐下工作，他在修补房檐下的一个个破洞。几只麻雀扑扑棱棱地在四周闲逛，看着水泥工把洞一个个给补上。突然，一只麻雀飞快地朝水泥工的脸上扑去，水泥工急忙用手把它轰走。[①] 这只麻雀为什么会这样呢？原来刚刚他补的一个洞是这只麻雀的巢，里面有麻雀妈妈刚刚下的蛋。

叫嚷声又一次响起，在厮打的过程中，麻雀的绒毛、羽毛随风飘落。

发自驻森林通讯员　尼·斯拉德可夫

## 列斯诺耶观察站

卡依戈罗多夫教授是一位著名的自然科学家，他是首位在列斯诺耶进行生物气候学研究的专家。到现在为止，这项活动已经开展了近八十年。

全苏地理协会有一个以卡依戈罗多夫命名的专门委员会，这个部门的工作就是主持物候学观察。这个委员会还有一个任务，就是收集全国对生物气候学有兴趣的人的研究成果。根据持续多年的观察研究，委员会已经掌握了许多鸟类迁徙、昆虫

读书笔记

**❶设问**
道出了麻雀扑打水泥工的原因。

读书笔记

活动、植物生长的习性，把这些研究成果编辑成书的话，将对预报天气和促进农业生产起到积极的作用。

①位于列斯诺耶的物候观察站已经成立五十年了，而世界上有这么长观测时间的同类观察站只有三个。

## 为椋鸟修建小屋

椋鸟是一种很招人喜欢的动物。你如果想让它留在你们家的花园里，那么可以先动手为它搭建一个鸟巢。②记住，鸟巢一定要干净。为了防止猫的骚扰，最好留一扇只能让椋鸟钻进去的门。此外，还要在门里面钉一个三角形的木板，这样，猫的爪子就伸不进去了。

## 新造的森林

今年的植树造林会议正在进行中，林务员和林业专家们共聚一堂，列宁格勒的市民代表也参加了此次会议。

在草原地区种植树木是此次会议的议题之一。人们选定了许多类树种在草原地区种植，这是经过一百多年的实践积累起来的经验。这些乔木和灌木有适应性强、生长稳定的特点。比如在顿尼茨草原，把橡树和锦鸡儿、忍冬以及其他灌木混杂在一起比较适宜。

随着科技的发展，工厂研制出了专门种植树木的机器。这样，种植树木的效率就会大大提高，人们可以在我国广阔的土地上种植更多的树木。

近年来，国家为了提高耕地产量和土地使用率，决定建造数万公顷的新林区。

塔斯社列宁格勒讯

**❶列数字**

由"五十年""只有三个"可见位于列斯诺耶的物候观察站成立时间之久，而且在世界上地位重要。

**❷叙述**

可见椋鸟非常爱干净，而且不喜欢被打扰。

读书笔记

## 黄色的春之花

在公园和花园里，款冬竞相开放，开出一种淡黄色的小花儿。

森林里有一些专门采花的人，他们把采摘的花整理成束拿到街头去卖，并给它起了个名字叫"雪下紫罗兰"。但这种花并不是紫罗兰，不论颜色还是花香都和紫罗兰差距很大，其实它真正的名字叫"獐耳细辛"。

树木逐渐恢复了活力，白桦树也开始返青。

## 款　冬

一些丘陵坡上，款冬长出了嫩绿的细茎，它的每一丛嫩苗就是一个独立的小家庭。年纪大的身材高挑，茎高而直；年纪小的则要矮一些。这些高的、矮的一起生长，离得并不远。

**❶拟人**
把茎条比作大家闺秀，非常生动地描绘出茎条的腼腆之态。

① 有一些茎条憨态可掬，像是害羞的姑娘，低着头，弯着腰，一副怕见陌生人的样子。

每一个小家庭，都是从地下的一根茎上长出来的。早在上一年的秋天，地下的根茎就开始储存养分，以备冬天消耗之用。到了春天，这些养分基本耗尽，不过还够它们支撑到花期。用不了多久，这些草茎顶端就会有许多小黄花绽放。但是准确来说，这并不是真正的花，而是花序，它们一束一束紧紧地凑在一起。

每当花儿凋谢时，根茎中就会重新长出新的叶子。这些叶子生机勃勃，开始为下一轮生长积蓄养分。

发自尼·巴甫洛娃

## 传来的喇叭声

天刚亮，列宁格勒传来的一阵喇叭声打破了宁静。这响声把一些还在沉睡中的人们惊醒了，他们都感到奇怪，这么早为什么要鸣喇叭。

如果你此时站在院子里，而视力又足够好，你就能看到成群的大鸟在高空飞过。它们展开双翅，伸着又长又直的脖子。这是一群正在迁徙的野天鹅，①而那"喇叭声"是它们的叫声。

❶ 比喻

可以想象声音有多大，形象地说明鸟儿数量多。

每当春天来临时，这些野天鹅都要途经我们生活的城市，边飞边发出高亢的叫声。其实，它们白天飞行时也会发出鸣叫，只是白天城市里喧闹的声音淹没了它们的叫声。

这些野天鹅的目的地是科拉半岛阿尔汉格尔斯克地区，或者北德维纳河两岸，这些地方适合它们抚育下一代。

## 来自森林的第三封电报（急电）

熊洞前还有观察员在坚守。

突然，积雪一下被掀开了，一个又黑又大的脑袋出现了。

原来是一只母熊爬了出来，紧跟着它的是两只幼熊。

②睡了一整个冬天，熊妈妈张开嘴巴打了一个长长的哈欠，然后信步走进森林深处。幼熊紧随其后，一步也不肯离开。在太阳的照耀下，母熊的毛很快干透，变得蓬松起来，这让它看起来胖了许多。

❷ 动作描写、拟人

生动形象地描写了熊妈妈的动作神情。

母熊和它的熊仔们睡了整整一个冬天，这会儿它们寻觅着一切可以吃的东西。树根、枯草、浆果，只要能吃的全都被它们吞进了肚里，它们真是饿坏了。③这时，如果它们遇见一只野兔，母熊一定会疯狂地追上去，它可不想让快到嘴的美食溜掉。

❸ 想象

生动地刻画了熊妈妈因为冬眠时间太长而非常饥饿的状态。

## 春水涌动

寒冷的冬天已经走近尾声，云雀和椋鸟在高高的树枝上欢唱，庆祝着春天的到来。

随着积雪的融化，小溪、小河里的水迅速涨了起来，漫过还未融化的冰面，溢到了岸上。

田野里的温度随之上升，太阳把积雪一点儿一点儿烤化了。①积雪消退之后，小草就露出了笑脸，让人看着舒服极了。

**❶拟人**

"露出""笑脸"，赋予小草感情，写出了小草对春天的喜欢。

随着河流面积的扩大，大批野鸭和大雁开始在水中嬉戏。

我们还看到了一只扒在树墩上的蜥蜴，它也是感受到了春天的温暖，才从潮湿的树皮下钻出来晒太阳的。

今天有太多太多可写的新鲜事，多得我们都记不下来了。

今年的第一场大水来了，城乡之间的道路发生了拥堵。此次春汛给当地造成的灾难还在继续，有关动物的伤亡情况，我们会及时统计出来，派信鸽把稿件寄去。

# 农场纪事

**✎读书笔记**

## 拦截春水

野外的积雪一天比一天融化得快了，它们汇在一起流向小溪，再流向江河。

人们就地取材，把积雪堆成一座天然横堤，这样就可以拦下本该流走的春水，让它们留在田间滋润农作物。

田里种植的农作物这下有了足够的水源，它们的根充分享受着水分的滋养。

## 乔迁的马铃薯

**❷拟人**

"等待"一词，使人想象出了马铃薯即将迎来新的状态。

人们把马铃薯从冰冷的仓库里搬了出来，为它们建造了温暖舒适的新家。②马铃薯在新的环境中将会很快发芽，等待人们将它们种到地里去。

### 绿色要闻

商店里，新鲜的黄瓜已经上市，它们长长的，身上还带着并不扎手的小刺。有的黄瓜顶端还有没掉落的小黄花。空气中充满了黄瓜独有的清香。

这些黄瓜是反季节蔬菜，它们在温室里长大，所以它们的花不靠蜜蜂授粉，它的生长也不依赖日光。这都体现了人类的智慧。

# 各地播报

### 无线电呼叫

请注意！请注意！

这里是列宁格勒《森林报》编辑部。

今天是 3 月 21 日，是春分。现在，我们进行第一次全国无线电播报。

读书笔记

呼叫东方、南方、西方和北方。

呼叫冻土带、原始森林、草原、高山、海洋和沙漠。

听到请回话，请报告你们那里发生的情况！

听到请回复！

### 来自中亚细亚的回电

我来报道中亚细亚的情况。现在，我们已经种植了马铃薯，接下来还要种棉花。我们这里的阳光已经非常强烈。但是这里会经常刮风，风把尘土刮得到处都是，所以接下来我们要栽种防护林。桃树、梨树、苹果树都开花了，扁桃、杏、白头翁和风信子的花儿已经凋谢。

秃鼻乌鸦和云雀已经在这里度过了一个冬天，就要飞到北方去了。家燕和雨燕也要飞回来了，这里是它们的避暑天堂。野鸭妈妈孵出了今年的第一窝小鸭子，这些小野鸭跟在妈妈后面在水里游泳呢。

## 来自远东的回电

这是来自远东的报道。狗睡了一个冬天终于醒了。

你没有听错，我说的是狗，不是熊，更不是土拨鼠和獾。可能在你们的印象中，狗是不会冬眠的，但 你们错了，我们这儿的狗确实会冬眠。

①这是一种生活在这里的特殊的野狗，它的体形比狐狸还要小，四肢也很短，浑身长着棕灰色的长毛，把耳朵都埋在了里面。这种野狗又叫"貉子"，长得有点儿像美洲的浣熊。一到冬天，它们就要躲到窝里睡觉，这点和獾很相似。现在，它们已经醒来，在四处寻找吃的。它们会捉老鼠，也会捕鱼。

在南方的沿海地区，人们正在捕捞一种眼睛长在同一侧的鱼——比目鱼。在靠近边境的原始森林里，小老虎们刚刚出生不久，它们现在已经可以睁开眼睛，观察周围的环境了。

而这个季节，也是一些鱼类从海洋回到淡水里产卵的好时候。

## 来自亚马尔半岛苔原的回电

很羡慕你们已经进入了春天，我们这里仍是寒冷的严冬。

驯鹿们在野地里寻找食物。它们从北极圈赶来，现在能做的就是用蹄子刨开积雪，找一些苔藓来吃。

用不了多久，乌鸦就会出现。4月7日是乌鸦节。②当地的人们把乌鸦的出现当作春天到来的标志。这一习俗和你们列宁格勒把秃鼻乌鸦的到来看作是春天的开始是一样的，可是我们这里并没有秃鼻乌鸦。

## 来自新西伯利亚原始森林的回电

我们这里的情况与列宁格勒类似，但我们这里有着广阔的森林，因为我们处于森林带上。这里到处都是针叶林和混合林，这类森林在我国大部分地区都能看到。

我们这里秃鼻乌鸦会在夏天出现，而春天出现的只有寒鸦，寒鸦的出现也代表着春天的来临。寒鸦是最早出现的鸟儿，冬天的时候，寒鸦不在这里过冬。

我们这里的春天非常美丽，只是时间有点儿短暂。

## 来自外贝加尔草原的回电

我们这里的羚羊开始向着南方成群迁徙，它们要远赴蒙古草原。

春天刚刚开始的融雪对于羚羊们来说糟糕透了！白天，积雪会融化成水，而到了夜里温度急剧下降，融化的水就会变成冰面。可怕的是，冰面面积非常大，羚羊走在上面就像踩在光滑的玻璃上，稍微没走稳，就会四蹄分开，重重地摔在冰上。

①羚羊的奔跑速度是非常快的，当跑起来时，它们一溜烟儿就不见了。也难怪，有众多猛兽对它们垂涎三尺，它们总是一不小心就会成为这些猛兽口中的美食。

❶夸张 ..................
　　"一溜烟儿就不见了"说明了羚羊奔跑的速度非常快。

## 来自黑海的回电

黑海可不是海豹的故乡，所以对很多人来说，这里很难见到海豹。当然，凡事都有例外，有一些海豹从地中海穿过博斯普鲁斯海峡时碰巧游到我们这里来了。当海豹露出头来换气的时候，我们偶尔会看到它们，但这也是很难碰到的场景。

我们也有其他可爱的动物，如人见人爱的海豚。在巴统城地区，现在正是捕猎海豚的季节。

猎人们驾着船来到海上。他们很有经验，主要观察哪里的海鸥比较多，因为海鸥喜欢一种鱼类，这种鱼的出现会招来大量的海鸥，同时，在水面之下也会聚集着海豚。

①海豚喜欢在水中玩闹，它们在水面上打着滚儿，有的跳出水面翻一个跟头，接着又一头扎进水里。猎人们等待着时机，因为贸然开枪会吓跑海豚。海豚"聚餐"的时候便是最好的时机。当海豚贪婪地享用着美食的时候，它们就会放松警惕，即便船离它们只有十米远，它们也不会发现，此时就可以射击了。如果海豚被击中，就得赶紧把它拉到船上，否则它就会沉入深不可测的海底。

**①动作描写**
写出了海豚们因为开心而一起嬉闹的场景。

# 打靶场

## 第一场竞赛

1. 春天是从哪一天开始的？

2. 是干净的雪融化得快还是脏的雪融化得快？

3. 春天为什么不能捕杀软毛兽？

4. 春天，蝙蝠和飞虫谁会首先出现？

5. 我们这里的什么花春天开得最早？

6. 春天，什么鸟的羽毛变化最大？

7. 雪兔在什么环境下最容易暴露？

精华赏析

本章主要描写春天到了，花草树木复苏，迁徙的鸟儿也飞回来了，城市、农场、森林到处都变得活跃起来，这一切生动地展现了冰雪融化、万物复苏的景象。

延伸思考

1. 伶鼬和白鼬在春天会换上什么颜色的衣服？

2. 谁是首位在列斯诺耶进行生物气候研究的专家？

2. 哪种动物的出现被苔原亚马尔半岛当地人当作春天开始的标志？

相关链接

比目鱼是硬骨鱼纲，鲽形目鱼类的总称。它们的特征是体甚侧扁，呈长椭圆形、卵圆形或长舌形。成鱼身体左右不对称；两眼均位于头的左侧或右侧；口有些突出；背鳍和臀鳍基底长，和尾鳍相连或不连。

# 候鸟回乡月

名师导读

春天到了，是鸟儿们返乡的时候了。各种各样的鸟儿成群结队地飞回来，天空中、森林里、农场上、城市里……鸟儿们给春天增添了不少热闹的氛围。

## 太阳史诗——4 月

4 月，积雪融化的速度更快了。温暖的春风吹拂着大地，送来了春天温暖的气息。你接着往下看吧！新鲜的事儿会更多！

❶拟人

形象地说明春风在春天是非常重要的。

①这个月，温暖的春风会把积雪全部赶跑，然后它会做第二件事，那就是让冰冻的水恢复自由。积雪融化后汇成小溪，小溪流向小河，河水便涨了上来。湍急的水流冲下山谷，水中的鱼儿为之雀跃。

春雨滋润了大地，大地换上绿色的装扮。在这巨大的绿色毯子上，点缀着各式各样的花朵。森林里依然死气沉沉，再过一段时间，春天才能到那里。不过，树木已经恢复活力，新的嫩芽已经长了出来。

## 候鸟返乡

鸟儿们动身了，这趟旅程的起点是它们过冬的地方，现在，它们成群结队地飞回故乡。场面十分壮观。

① 返乡的路线是固定不变的，这是候鸟几千年、几万年来形成的迁徙路线。

早在去年秋天，已经有第一批鸟儿离去了。最晚动身的是那些羽毛光鲜的鸟儿。它们的羽毛实在太亮丽，它们无法藏身于光秃秃的森林里，很容易就被捕食者们发现，所以它们只能等到春暖花开的时候才回来。

"波罗的海航线"是鸟儿迁徙的必经之路，它恰好位于我们的城市和列宁格勒上空。"波罗的海航线"很长，它的两头分别是阴冷的北冰洋和春暖花开的热带。一到迁徙的季节，各种各样的鸟儿会排着不同的队形，在空中飞过。它们先后经过非洲海岸、地中海、比利牛斯半岛、比斯开湾、飞越海峡、北海和波罗的海，然后抵达这里。

对鸟儿们来说，迁徙过程可谓困难重重。② 有时候海上会出现厚厚的浓雾，有时候潮湿的水汽会打湿它们的翅膀，迷失方向的情况也时有发生。还有一些不太幸运的鸟儿会撞在坚硬的石壁上，撞得伤痕累累，甚至丢了性命。

海洋上的风暴也让人心惊胆战，强烈的风暴会把鸟儿们吹得七零八落，甚至吹断它们的翅膀。如果这时海上结了冰，它们还可能因为缺少食物，在饥寒交迫中死去。

很多猛禽——雕、鹰、鹞等也会选择在这个时候守候在迁徙航线上，因为它们会得到足够的食物，还不用花费很大的力气。也有一些可怜的鸟儿会被猎人猎杀。

虽然这一路上充满了艰难险阻，但鸟儿们还是会坚守着它们的生活习惯，克服重重困难，回到自己的故乡。

**❶列数字**

"几千年、几万年"说明候鸟迁徙的历史已经很悠久了，因此会有固定的路线。

**❷细节描写**

"打湿它们的翅膀""伤痕累累""丢了性命"等具体说明鸟儿迁徙的不易。

当然，并不是所有的候鸟都会选择在非洲过冬，也不是所有的候鸟都会沿着"波罗的海航线"飞行。有些鸟儿会选择在印度或者美洲过冬，如蹼瓣鹬。等到春天，它们也要不辞万里穿越整个亚洲回到这里。① 它们在路上飞行的时间长达两个月，经过几千公里的长途跋涉，才能从过冬地返回位于阿尔汉格尔斯克郊外的巢穴。

**① 列数字**

"长达两个月之久"说明了鸟儿的迁徙时间很长，"几千公里"说明鸟儿迁徙路途遥远。

## 戴脚环的鸟儿

如果你误杀了一只脚上戴着脚环的鸟儿，请记下上面的时间和地址，将记录和脚环一并寄到鸟类脚环中心管理处，地址是：莫斯科 K-9，赫尔岑大街 6 号。

如果你将这只鸟活捉，请把脚环上的字母和编号记下来，把鸟放走，然后将这些情况告诉鸟类脚环中心管理处。

如果是你身边的朋友或者熟人做了上述事情，请一定转告他应该怎么做。

为了掌握鸟类的生活规律，科学家们制作了这种用于观测的铝环，将其戴在鸟的脚上。铝环上的标记由字母和数字组成，字母代表是哪个国家、什么机构，数字则代表戴环的时间和地点。这些记录会保存在科学家的电脑系统中。

**② 举例说明**

说明科学家是如何掌握鸟类的生活规律的。

② 比如，一只鸟由我们北方某个机构的科学家给它戴上脚环，当它在非洲南部或印度被捕获时，通过捕猎者寄过来的这只脚环，我们就可以知道这只鸟飞行的规律了。

并不是所有的鸟儿都要到南方过冬，有许多鸟儿会飞向西方或东方，有的甚至会长途飞行到北方过冬。这都是我们通过脚环得知的秘密。

# 林中纪事

## 到处是泥泞

雪融化之后，到处都是泥泞。乡村小路和林间公路都是如此，雪橇和马车无法出行。森林中的消息是我们费了好大劲儿才知道的。

读书笔记

## 积雪下的浆果

沼泽地的积雪也融化了，蔓越橘露出了头，引得孩子们前去采摘。越冬的浆果很甜，比新长出来的味道好多了。

## 柔荑花序

河岸上、小溪和森林的边界旁，柔荑花序已经出现。刚解冻的土地上还看不到它们的身影，只有在阳光晒着的树枝上才能看到。

白杨树和榛树上长出了一些长长的穗子，这就是柔荑花序。

事实上，它们去年就长出来了。不过，在冬天，它们处于静止不动的状态；① 只有到了春天，受到阳光的照耀，它们才舒展开，变得好像一条条毛毛虫。

❶比喻

形象地描绘出柔荑花序的形状，生动地表达了柔荑花序的可爱。

一阵风儿吹过，黄色花粉就洋洋洒洒地到处飘扬，像烟尘一样。

白杨树和榛树上除了柔荑花序，还开有一种雌花。白杨树的花呈小球状，是褐色的。榛树的雌花则是饱满的花苞，一根根红须从花苞里伸出来，看上去就像躲在里边的昆虫的触须，其实它是雌花的柱头。雌花的花柱数量不等，有两三个的，也有四五个的。

此时，榛树还没长出嫩叶，树枝看上去光秃秃的，风自由

23

自在地在树枝间穿行，把柔荑花序吹得左摇右摆，花粉就这样从一棵树上被带到了另一棵树上，然后完成受精过程。秋天的时候，榛子就会结出来。风也会帮助白杨树的雌花完成受精，秋天那一颗颗黑球就是它的果实。

## 蝰蛇的日光浴

**❶拟人**
生动形象地描绘了蝰蛇躺着时的样子。

①早晨，在一根干枯的树桩上，蝰蛇躺在上面懒洋洋地晒着太阳。由于天冷，蝰蛇身上的温度很低，它显得很虚弱，爬行得十分缓慢。

晒过太阳之后，蝰蛇身上渐渐恢复了热度，行动也变得自如了许多，现在它要做的就是捕捉青蛙和老鼠。

## 还有谁没醒

蝙蝠也醒了过来，还有各种各样的甲虫：步行虫、黑色屎壳郎、叩头虫等。②叩头虫显得很兴奋，你看它不住地表演着节目：它肚皮朝上躺在地上，然后身体用力，"啪"的一声，只见它整个身体弹了起来，然后在空中来了一个180度的转体，最后稳稳地落在地上。

**❷动作描写**
叩头虫因为春天的到来格外兴奋，高兴地在地上翻动。

这时，蒲公英已经开花，白桦树也发出了新芽。

一场春雨过后，蚯蚓都从泥土里钻了出来；一些菌类也破土而出，像撑开了一把把小伞。

## 在水塘中

水塘变得喧闹起来。青蛙从冬眠中醒了过来，它在水中顺利产完卵之后就离开用水藻搭建的床，跳到岸上去觅食了。

蝾螈则和青蛙相反，它是从岸上返回水里生活。它身披橙黑色的"衣服"，拖着一条大尾巴，看起来像条蜥蜴，生活在列宁格勒的人们给它起了个特别的名字叫"哈里同"。冬天来临，蝾螈就离开水里到森林的苔藓下面去冬眠。

癞蛤蟆也从冬眠中醒了过来。它准备产卵了，但它的卵和青蛙的卵有很大的区别：青蛙的卵漂在水里，相互黏成一团，上面全是小泡泡，每个泡泡里都有一个圆圆的小黑点；<sup>①</sup>而癞蛤蟆的卵连成一串儿，像一条细带子，就挂在水草上。

❶比喻
　　形象地说明癞蛤蟆的卵非常小、非常轻。

## 森林里的环卫工

冬天，总是会有几天特别寒冷，于是，小鸟和来不及躲藏的小野兽常常会被冻死，然后被积雪覆盖住。等来年积雪融化的时候，它们的尸体也会露出来。放心，它们不会长期暴尸野外，一些喜欢吃腐食的动物，包括像蚂蚁、屎壳郎这样的昆虫，会及时把它们的尸体清理干净的。

## 不多见的小兽

森林深处突然传来一声啄木鸟的叫声，这声尖叫听起来很凄惨，我想那里一定出了什么事。

<sup>②</sup>我急忙穿过丛林向森林深处走去。我在一块空地上发现了一棵枯树，在树的半腰处有一个整齐的圆洞，那里就是啄木鸟的窝。我看到一个奇怪的动物正在往上爬，它显然是朝着啄木鸟的洞穴爬去的。我还从来没有见过这种动物。它浑身都是灰色，尾巴短小，耳朵又小又圆，像熊的耳朵，眼睛很大且向外凸着。

❷叙述
　　可见"我"好奇心非常重，也不担心前方是否有危险。

这时候，它已经爬到了洞口，伸着脑袋向里面张望。我想它一定是来偷鸟蛋吃的。这可把啄木鸟激怒了。啄木鸟朝这个动物猛扑过去，想用尖尖的嘴啄它的眼睛。但是这只小动物的身子很灵活，一下就闪到树后躲过了啄木鸟的攻击。啄木鸟继续攻击，但这只小动物左躲右闪跟啄木鸟玩儿起了躲猫猫。

这只小动物继续向上爬去，眼看就要爬到树顶了，这时它已经没有了退路。而啄木鸟也紧跟过来，并朝它狠狠啄去。此时，奇迹发生了，这个小动物朝下一跳竟然飞了起来！

**❶比喻**⋯⋯⋯
可见小动物非常轻巧。

① 只见它把四肢伸展开，像一片秋天的落叶飘飘荡荡，尾巴像船舵，左右摇摆，控制着方向，很快它就安全降落到了一根树枝上。

我这才意识到它是一只鼯鼠。这种小兽会飞，它的两肋长有皮膜，当它把四肢伸展开时，皮膜就会被撑开，然后它就像跳伞员一样在空中滑翔。遗憾的是，这种动物难得一见。

发自驻森林通讯员　尼·斯拉德可夫

# 飞鸽传书

## 春水泛滥

**❷叙述**⋯⋯⋯
引出下文中不同小动物遇到水灾时的情况。

② 雪融化的速度越来越快，河水暴涨，导致森林里发生了洪灾。这场灾难让许多动物无家可归。

这段时间，受灾的消息不断传来。受灾最严重的要算兔子、鼹鼠、田鼠等生活在地下的穴居动物了。它们已经失去了自己的家园。

于是动物们开始自救起来。

矮小的鼩鼱从自己的洞穴里爬出来，躲到灌木丛里，耐心地等待洪水消退。由于缺少食物，它现在看上去已经饿坏了，一副可怜兮兮的样子。

当洪水暴发时，鼹鼠还在家里睡觉，它差一点儿就被淹死了。还好，它会游泳，很快便逃到了一个干燥的地方。

**❸叙述**⋯⋯⋯
说明鼹鼠水性非常好，所以当发生洪灾时它能很快逃到干燥的地方。

③ 鼹鼠的水性极好，它能很轻松地在水里游几十米。它的皮毛一沾水就会变得十分光亮。还好这次它比较幸运，没有被猛禽发现。

鼹鼠爬上一块地势较高的空地，然后迅速打好洞藏了起来。

## 船里的松鼠

融化的春水淹没了很多地方。一个渔民在河里撒下了网，他要捕的是鳊鱼。他划着小船在水面上缓缓前进。

忽然，他有了新的发现，一个奇特的"蘑菇"挂在灌木丛上，更不可思议的是，这个"蘑菇"还会动，它竟自己跳到了小船里。

等他看清了才发现，这哪里是什么蘑菇！原来是一只小松鼠，它浑身湿透了，毛乱糟糟的。

① 小船刚一靠岸，松鼠就急不可待地跳到岸上，三蹦两蹦跳到林子里，不见了。它为什么要跑到灌木丛里？它在那里待了多长时间？这些渔民并不知道。

❶ 疑问
引起读者的好奇和无限的遐想。

## 鸟儿也受了灾

一般来说，洪水对鸟儿并没有什么影响，因为它们并不害怕洪水。可是这次它们却遭了灾。

淡黄色的鸫鸟把窝搭在水沟旁边，并且生下了蛋。而这场突如其来的大水，不但把它的窝冲毁了，就连蛋也冲不见了。鸫鸟只好重新去找地方做窝了。

读书笔记

受灾的还有沙锥。它的喙又尖又长，它常在森林湿地的软泥里找食吃，它的长腿也适合在稀泥里行走。大水一来，湿地都被淹没了，它不得不站在树上躲避灾难。这对它来说无疑是痛苦的，因为它的脚并不适合在树上长时间立着。

沙锥只有焦急地等待，等到洪水退去，它才能回到软泥里刨食吃。而且沙锥也不能去别的湿地，因为沙锥都有自己的活动范围，那里的沙锥不会欢迎它的。

## 冬天里鱼儿在干啥

① 在寒冷的冬天，鱼儿一般都会睡大觉。

进入深秋，鲫鱼和冬穴鱼都已经钻到了河底的淤泥里，鲍鱼和鲤鱼则会选择在水沟底下的泥沙里过冬。鳊鱼的过冬地选在了芦苇下的深坑里。鲟鱼抵御严寒的方法很特别，它们会聚集在一起相互取暖，通常它们会选择聚集在河底，因为河水越深，底部的水就越暖和。

我们上面提到的这些鱼儿现在都已经苏醒了，它们正忙着产卵呢。

# 农场纪事

## 忙碌的人们

积雪融化之后，人们开始忙碌起来，把拖拉机开到了田地里。拖拉机既能耕地，又能耙地，还可以在后面挂上一种特制的工具，这样就能把树墩清理出来。人们用它把荒地变成良田。

② 一群蓝灰色的秃鼻乌鸦出现了，它们紧紧跟在拖拉机后面。因为拖拉机会从泥土里给它们翻出丰富的食物。离秃鼻乌鸦稍微远一些的地方，又飞来了一群灰色的乌鸦和白喜鹊，它们则自己在耕过的田地里翻找蚯蚓、甲虫和一些其他幼虫等符合它们口味的美食。

拖拉机耕过地之后，又挂上了播种机，在田地里来回穿梭，那些饱满的种子一颗颗地被埋在了土里。

农场里种下的有亚麻、小麦、燕麦和大麦。

现在，田地里已经生长出黑麦和冬小麦，麦苗长得很高了。它们属于秋播作物，是在上一年的秋天播到田地里的，在雪下过了一个冬天，现在已经发芽了。

① 在清晨和傍晚，灌木丛中经常会出现"切尔，维科""切尔，维科"的叫声。那声音既像大车经过时的声音，又像喜鹊的叫声。

请大家不要被它迷惑，这就是一只漂亮的雄灰山鹑。

它有着灰色的羽毛，身上长有白斑，还有两条深红色的眉毛，橙黄色的脖子和双颊，黄色的爪子。

怪不得灌木丛里时不时会传出它的叫声，原来雌山鹑正在这里做窝呢！

牧场里已经长满了绿油油的小草。天刚蒙蒙亮，生活在牧场里的孩子就被牛、马和羊的叫声吵醒了。于是，牧童把它们从圈里放了出来，把它们赶到牧场上去放牧。

② 有的时候，寒鸦和秃鼻乌鸦会降落在马背和牛背上，然后在它们的背上"笃笃"地啄着，可是牛和马并不反感它们，这是为什么呢？

原因就是这些鸟儿很轻，并不会增加牛和马的负担。相反，这些鸟儿还是牛和马的医生呢。它们专门吃牛、马身上的牛虻和苍蝇的幼虫。这两种可恶的昆虫会趁着牛、马的皮毛被擦伤时把卵产到它们的皮毛中。

一个冬天之后，丸花蜂已经养得胖胖的了，开始"嗡嗡"地飞出来找食物吃；黄蜂也在花丛中飞舞着，身体亮闪闪的。

人们把蜂箱搬了出来，这是蜜蜂的家，这些勤劳的小家伙们从蜂巢中钻了出来。等身体暖和之后，它们就"嗡嗡"地飞出去采蜜了。

## 造林运动

③ 每年的春天，列宁格勒都会种植数千公顷的树木。而许

**❶比喻**
生动描写了野雄灰山鹑的声音。

**❷设问**
引起读者的兴趣。

📖 读书笔记

**❸列数字**
"数千公顷""十至十五公顷"都说明了种植面积非常宽阔，可见列宁格勒州的人们非常欢迎春天的到来。

29

多地方新开辟了面积在十至十五公顷的苗木场。

塔斯社列宁格勒讯

# 农场要闻

## 一座"新城市"

一夜之间，果园的周围出现了一座"新城市"。"城市"里的"房屋"布局非常整齐。据说，这些"房屋"不是刚刚建造的，而是从另外一个地方整体搬迁过来的。这里的阳光很充足，"居民们"对这里的环境相当满意，它们飞舞着四处游荡，熟悉着"城市"周围的环境。

## 马铃薯的节日

马铃薯的节日到了。这一天，它们迎来乔迁之喜——它们要搬到田地里去居住了。① 如果现在马铃薯能唱歌的话，它们一定会唱一首欢快的歌。人们把它们一个个放进木箱，然后用汽车运走了。

为什么要用木箱而不是麻袋呢？这么小心的原因是什么呢？

因为这些马铃薯都已经发芽了，这是人们用来育种的。

❶想象
表现出作者的喜悦之情。

## 开始农忙了

这段时间，拖拉机一刻也不停，就连晚上都要不停地工作。不过，虽然夜晚田地里只有拖拉机的身影，但一到白天，田地里就开始喧闹起来。② 成群的寒鸦跟在拖拉机的后面。蚯蚓被拖拉机从地里翻了出来，很快便被寒鸦抢光。但是蚯蚓的数量实在太多了，它们就算吃破肚皮也吃不完。

❷场景描写
表现了农场的热闹。

在紧邻河流和湖泊的田地里，拖拉机的后面则紧跟着白色鸥鸟。鸥鸟也喜欢吃从泥土里翻出来的蚯蚓和昆虫。

## 令人感到奇怪的嫩芽

在黑醋栗丛中长出了一些罕见的嫩芽，这种嫩芽圆圆的，有的芽张开了，就像迷你的甘蓝叶球。我们用放大镜观察它，结果吓了一跳。这哪里是什么植物，分明就是一群恶心的小虫子！

我们仔细观看才发现，原来是扁虱钻进了嫩芽里越冬。它可是黑醋栗的致命天敌！这些扁虱不仅会把黑醋栗的芽毁掉，还能让整片黑醋栗染上传染病，最终导致黑醋栗结不出果实来。

①现在，这种鼓起的芽还不太多，所以在扁虱没钻出来造成进一步的危害之前，要赶紧把这些染病的嫩芽处理掉。如果整棵树都被传染，那就只得一把火把它烧掉了。

❶叙述
　　足以说明此虫危害极大。

# 城市新闻

## 植树周

大地在积雪消融后变得松软，我们又迎来了植树周。植树周是每年春天植树的日子，很多市民选择在植树周植树。

城市的各个角落布满了孩子们挖好的树坑，孩子们种树的身影出现在房屋后、道路旁。

②涅瓦区少年的自然爱好活动站为这次植树周准备了上万棵树苗。

❷叙述
　　说明大家都非常热爱这项活动。

苗圃培育场把两万棵云杉、白杨和枫树的树苗分给了海滨区的学校。

塔斯社列宁格勒讯

# 树种存储箱

我国有着广阔的田野，每年的大风都会让农作物遭受不同程度的损害，所以我们要植树造林来保护这些田地。就连学校的孩子们都知道，植树造林是一件多么有意义的事。你看，一个树种存储箱出现在六年级一班的教室里，孩子们把平时收集到的一些树种放在这个箱子里，所以这个箱子里面的种子多种多样，其中有枫树的种子、白桦树的柔荑花序和坚硬的棕色橡子。[①] 在这里要表扬一下小维佳，他一个人就上交了十来公斤的榛树种子！到秋天的时候，这个箱子将会装满树种。届时，学校会把这个箱子交给政府，苗圃培育场急需用它进行种子培育。

发自丽娜·波丽亚科娃

**❶举例说明**
说明大家都积极参加植树造林。

# 海鸥进城了

远道而来的海鸥出现在刚刚解冻的涅瓦河上。海鸥并不怕人，航行的轮船和城市上空常会出现它们的身影，它们也会在人类的眼皮底下捉鱼。

海鸥飞累了，会在人类居住的铁皮屋房顶上暂时休息。

# 晴天里的雪

5月20日，一个阳光灿烂的日子，可令人奇怪的是，清晨竟下起了雪！亮晶晶的雪花洋洋洒洒地落在地上，就像成群的萤火虫在空中飞舞。

在夏天，雪花已经没有肆虐的力量了。这场雪持续不了多久，大多数雪花连落到地上的机会都没有，它的作用只是湿润了一下干燥的空气而已。

即使这样，下雪也会让小朋友们兴奋。你也可以迎着雪花到森林里转一圈，[②] 因为在森林里，你会惊奇地发现，森林的地表上长出了许多有褶子的褐色小伞。这是一种特别鲜美的蘑

**❷比喻**
形象地描写了羊肚菌小巧可爱的形状。

菇——羊肚菌。

发自驻森林通讯员　维利卡

### "咕咕"的叫声

5月5日早晨，城外的公园里响起了"咕咕"的叫声。

一周之后的一个温暖的傍晚，寂静的灌木丛里传来几声清脆的鸟叫声。刚开始是轻微的响声，过了一会儿，这叫声越来越大，然后很多鸟也加入了进来。① 这声音悠扬悦耳，是一种美妙的歌声。

原来这是一群夜莺在唱歌。

❶拟人 ......

"美妙的歌声"生动形象地写出了鸟儿的叫声悦耳动听。

# 打靶场

## 第二场竞赛

1. 哪种可食用蘑菇最先长出来？

2. 拖拉机耕地时，为什么后面总跟着秃鼻乌鸦？

3. 乌鸦和喜鹊的窝有什么不同？

4. 到南方过冬的雨燕和家燕，谁会先飞回来？

5. 椋鸟的窝在不够用的情况下，它会在什么地方搭窝？

6. 牧场的牛、马、羊身上经常会有秃鼻乌鸦和寒鸦，这是为什么？

## 精华赏析

　　本章主要写进入春天，冰雪已经完全融化变成了春水，冬眠的动物们也都苏醒了，候鸟们成群结队地返乡，农场也开始忙着播种，城市里小动物们也活跃起来了，到处都变得热闹起来。

## 延伸思考

　　1.鸟儿迁徙时必经之路是哪里？

　　2.给鸟儿戴脚环的作用是什么？

　　3.鲟鱼是用什么方法抵御严寒的？

## 相关链接

　　步行虫属鞘翅目，是步甲科昆虫的别名。全世界大概有两万多种。它们的特征是足长，有闪光的黑色或者褐色的翅鞘，有很多种后面的翅膀已经退化或完全没有。

# 载歌载舞月

名师导读

5 月的春天，森林里、城市里、农场里到处都有小动物们载歌载舞，花草树木也努力地生长着，到处都是热热闹闹的。

## 太阳史诗——5 月

时间进入 5 月，大地到处都是一片欢腾的景象。接下来，春天要给森林里所有的植物换上崭新的绿衣了。

这个月可以称为载歌载舞月，因为森林里充满了欢乐的气氛。

这时候，太阳取得了决定性的胜利，光明战胜了黑暗，温暖战胜了严寒。万物开始生长，生命也在延续。大自然一片生机盎然的景象，充满了生命的活力。①树木已经披上了绿装，显得英姿飒爽。数不清的昆虫在林间活动，炫耀着各自的特长。白天，家燕和雨燕在空中寻找着虫子，鹰和雕在森林上空盘旋，红隼和云雀在田野里放声歌唱。黄昏到来，蚊母鸟和蝙蝠等夜行动物开始活动，它们正在捕捉害虫。

蜜蜂也开始活动，它们拍打着金色的翅膀在花丛中飞来飞

读书笔记

❶拟人

突出了树木勃勃的生机。

35

去，忙着采蜜。你听，森林上空传来许多美妙的声音，这是琴鸡、野鸭、啄木鸟、鹬等动物在尽情地歌唱。这一情形正如诗中描写的那样：① "苏联的每一寸土地上，大自然的万物都喜气洋洋。森林中的肺草，从去年的枯叶中探出头，闪着亮晶晶的光。"

人们习惯称 5 月为 "曀月"，这是为什么呢？

这是因为 5 月的温差很大。别看白天暖洋洋的，动物们都躲到树荫下乘凉，可一到了晚上，曀，还是很冷啊！马儿要铺上草垫，人们还需要睡暖床。

**❶引用**
进一步表现春天到来，万物复苏，一片喜庆的景象。

## 愉快的 5 月

森林里的居民都活跃起来了，它们各自展示着自己的勇敢和力量。这些好斗的家伙们已经跃跃欲试，准备找对手好好打上一架。在春天最后的这一个月，动物们可忙坏了，它们争相炫耀着自己的武力，森林里到处可见鸟的羽毛和兽毛。

再有一个月夏天就要来了，鸟儿都赶着在最后一个月把窝做好，为抚育下一代做准备。

② 老一辈流传着这样的话：春天就像一位姑娘，想在我们这里长期住下。可是，一听到布谷鸟和夜莺的叫声，它就会钻进夏天的怀抱。

**❷拟人**
布谷鸟和夜莺是夏天的象征，听到它们的叫声说明夏天到了。春天 "钻进" 夏天的 "怀抱"，可见夏天带着活力，而春天是温柔的。

# 林中纪事

## 森林里的乐团

在 5 月，夜莺会没日没夜地高唱，好像不知道疲惫似的。

③ 所以，孩子们也很好奇：为什么夜莺会不停地唱歌？它们要唱到什么时候才会停歇？这些鸟儿忙碌得把睡觉都忘了，每

**❸设问**
针对孩子们的好奇点提出问题，引出下文写鸟儿的 "歌唱"，勾起读者的兴趣。

天只会在半夜和中午休息一个小时。它们每唱一段时间就会打个盹儿，然后继续唱。

鸟儿的演唱会通常集中在早上和傍晚，它们也有自己的乐器和歌唱技巧。不信你仔细听，有的敲鼓，有的吹笛子，有的独唱，有的拉琴。"嗡嗡""咕噜""哇哇""汪汪""嗨嗨""嗷嗷"……热闹极了。①有尖叫的，有哀叹的，有叫喊的，有咳嗽的，有低吟的……

❶排比
　　细腻、生动地描写了鸟儿们各式各样的歌声，说明鸟儿的歌声独具特色。

燕雀、夜莺和鸫鸟的歌声悠扬动听，婉转悦耳；甲虫和蚂蚱在草丛里拉琴，发出"吱吱——""呀呀——"的声音；笛子演奏是由黄莺和白眉鸫合作完成的；狐狸和白山鹑"哇哇"地叫；牝鹿在咳嗽；狼号叫着；猫头鹰"哼哼"着；蜜蜂"嗡嗡"地叫；青蛙一会儿"呱呱"叫，一会儿又"咕咕"叫。

那些不会唱歌的动物也没闲着，它们弹奏着自己喜欢的乐器。

啄木鸟选择了一根干枯的树枝。这种树枝敲击起来能发出很大的声响，于是它成了啄木鸟的大鼓。啄木鸟用自己尖尖的嘴当鼓槌，尽情地击打着。

②天牛的脖子就是天然的小提琴，它的脖子只要扭动就能发出悦耳的声音。

❷举例子
　　说明天牛非常有趣。

螽斯的爪子和翅膀都有钩，它用爪子来回拨动着翅膀，好像弹琴一样。

大麻鸦有自己的特长，它把嘴伸进湖水里，吹得湖水发出"呼噜——呼噜——"的声音。

沙锥有自己独特的唱法：它不用嘴，而是用尾巴来"唱歌"——它在高空张开翅膀俯冲下来，用尾巴兜住风，就能发出羊羔叫一样的声音。

这就是一支独特的森林乐队。

读书笔记

# 旅　客

树上的叶子还很稀疏，阳光可以轻而易举地透过树缝投射到地面上。在离地面不远的大树和灌木丛中，黄色的顶冰花摇动着。① 这些花儿星星点点，在太阳光的照射下，闪闪发亮。不远处盛开着鲜艳的紫堇花。

这些花儿像春天的使者一样令人心情舒畅。那紫色的像精致的工艺品的小花儿一束束盛开在长长的花茎上，上面长着绿色的叶子，叶子的边儿像锯齿似的。

现在，树荫已经变得很浓密，阳光很难直射到顶冰花和紫堇花上了。② 顶冰花和紫堇花的花期很短，它们就像匆匆的过客，一旦播完种子，它们就完成了使命。然而它们那像蒜头一样的鳞茎和圆形的块茎，却深深埋在肥沃的土壤里，静静等待下一个春天的到来。

有些人喜欢在花园里种植顶冰花和紫堇花。如果你家也有，请记得在花朵还没有落尽的时候，把那些根茎挖出来。这些白色的根茎长得很长。如果正处在冻土里，那么根茎会埋藏在地下很深很深的地方。如果是在温暖的地方，土质相对疏松，根茎就会离地面近一点儿。当刨取根茎时，你一定要注意这两点。

发自尼·巴甫洛娃

**①景物描写**

表现让人赏心悦目的景物。

**②比喻**

形象地说明了顶冰花和紫堇花的花期短，让人想留也留不住。

# 田里的声音

今天，我和同学到田里除草。我们走在宁静的小路上，突然听到草丛里传来鹌鹑的叫声："不及布罗基！不及布罗基！"我们则回应道："我们现在就是去除草。"可它并不理会我们，仍旧躲在草丛里欢叫着。

这时，我们走近一个池塘，岸边趴着两只青蛙。其中一只鼓动着鼓膜，一直叫道："朵拉！朵拉！"另一只也不甘示弱，

*读书笔记*

回敬道："萨玛咔咔哇！萨玛咔咔哇！"

当我们快要走到田里的时候，田凫来欢迎我们了。它顶着圆圆的脑袋，在我们头顶上叫着："乞夷维？乞夷维？"我们回应道："我们是克拉斯诺亚尔斯克来的！"

发自驻森林通讯员 库洛奇金

## 天然房顶

花粉是植物中最娇贵的部分，它不能沾上任何水分，甚至雨水和露水都会对它构成威胁。① 那么，植物是如何保护花粉的呢？

铃兰、覆盆子和越橘花的花瓣是朝下生长的，就像一串铃铛，这样即使天上下雨，也不会打湿花粉。

虽然金梅草花朝天开放，但是它的花瓣像一个向内弯曲的小汤匙，层层花瓣紧紧地挤在一起，就像一个小毛球。就算天上下雨，里面的花粉也不会被打湿。

最聪明的要属凤仙花，它的含苞待放的花蕾都长在叶子下边，这些叶子就成了花蕾的小伞，所以凤仙花的花粉也不容易被打湿。

野蔷薇和莲花有自我保护机能，每当刮风下雨时，它们的花瓣就会迅速合拢，把花粉紧紧地保护好。

② 毛茛的花每逢下雨就把头耷拉下来，这样雨水就没办法打湿花粉了。

发自尼·巴甫洛娃

❶设问
引出下文具体描写植物对花粉的保护。

❷拟人
写法非常生动形象。

## 嬉戏和舞会

沼泽地里，现在有一群灰鹤正在举行一场舞会。

这些灰鹤围成一个圆圈，然后有一只或两只灰鹤走到圈子中央，开始翩翩起舞。

刚开始，舞蹈并不怎么华丽，只不过是用它们的长腿蹦来蹦去而已。<sup>①</sup>这是它们的热身表演，接下来的舞步就有趣多了！很快，这些灰鹤都变得活跃起来。它们跳着不同的舞，有转圈的，有原地踏步的，也有一蹦一跳的……人们看了，忍俊不禁。还有一些灰鹤，它们用翅膀打着拍子。

**❶对比**

刚开始只有一两只灰鹤跳舞，不热闹；后来一群灰鹤跳舞，就非常有趣、热闹了。

而猛禽的舞会可是在高空举办的。这里面表演出色的要数游隼，它在云彩下边做着精彩的表演。有时，游隼会把翅膀全收起来，从高空急速坠落，眼看就要撞到地面的时候，它便突然把翅膀张开，一个盘旋，又冲上高空；有时，它也会张开双翅，迎着风在空中一动不动，就像一只风筝挂在天上；有时，它还会在空中翻跟头，做着高难度的表演。

## 最后到来的鸟

春天就要过去了，最后一批在南方过冬的鸟儿回到了列宁格勒。

**❷拟人**

形象地描写了鸟儿的羽毛很漂亮。

<sup>②</sup>和我们之前预测的一样，这些鸟儿都穿着华丽的衣裳。

这个时候，大地上五颜六色的鲜花都已盛开，大树和灌木丛都披上了绿油油的衣服。鸟儿藏进茂盛的树叶中以躲避猛禽的袭击。

位于彼得宫旁的小溪上，落着一只翠鸟，它从遥远的埃及来。它的羽毛是蓝绿色的，但其中还夹杂着一些棕色的羽毛。

**❸比喻**

说明黄鹂的声音悦耳动听而且还很可爱。

树丛中传来黄鹂悦耳的鸣叫声。<sup>③</sup>这声音既像吹笛子，又像小猫咪发出的叫声。它们的羽毛是金黄色的，可翅膀却是黑色的。它们从非洲南部远道而来。

在稠密潮湿的灌木丛里，野鹟和蓝喉歌鸲出现了。蓝喉歌鸲的喉部覆盖着蓝色的羽毛，野鹟的羽毛则五彩斑斓。金黄色的鹡鸰则常常在沼泽地里出没。

伯劳、流苏鹬和佛法僧也陆续飞回来了。伯劳们的肚皮上覆盖着粉红色的毛。流苏鹬的羽毛五彩缤纷，而且脖子上的毛很蓬松。佛法僧的羽毛是蓝中透绿。

## 秧鸡徒步行千里

秧鸡是一种很另类的动物，它用两条腿从非洲走来。别看它长有翅膀，却懒得飞行，因为它飞行的速度很慢，所以鹞鹰或游隼很容易就能捕到它。

不过，秧鸡跑得极快，而且善于隐藏，所以它总是能在草地和树丛中悄悄前进，徒步穿越整个欧洲。<sup>①</sup>只有在遇到特殊情况，如大海阻挡时，它才会飞翔，这时它会趁着夜色悄悄飞过大海。

现在，秧鸡已经抵达我们国家，草丛中整天都传出它"叽叽、叽叽"的欢叫声。虽然你能听到它的叫声，但想看到它却很困难，因为它太善于隐藏。不信你就试试看，看你能不能把它赶出来。

## 有的哭，有的笑

森林里，有爱哭和爱笑的树种，如白桦树就爱哭，其他的树则爱笑。

在阳光的烘烤下，白桦树体内的树汁加快流动，过多的树汁就会通过树皮的小孔渗出来。

这种树汁可以供人们食用，所以人们会用刀子切开白桦的树皮，用瓶子来接流出的液体。<sup>②</sup>这种液体就像人类的血液一样，对白桦树来说非常重要。如果树汁流失太多，白桦树就会死去。

● 读书笔记

❶举例说明
说明秧鸡在特殊情况下还是会飞。

❷比喻
说明树汁对白桦树的重要性。

## 开荤的松鼠

到了冬天，松鼠只能以植物为食，它们会找蘑菇和果仁来吃。而到了万物萌发的时候，松鼠也有机会开荤了。

鸟儿在它新筑的巢穴里产了蛋，不多久，小鸟们便破壳而出了。

松鼠现在则成了肉食动物，它灵活地穿梭于树枝之间，寻找鸟巢，只要找到鸟蛋和小鸟就可以美餐一顿。

松鼠看上去乖巧可爱，但是在毁坏鸟窝方面，却绝不逊色于其他动物。

## 燕子的巢

（摘自一位少年自然科学爱好者的日记）

5月28日

透过窗子，我看到一对燕子在邻居的屋檐下筑巢。这让我十分兴奋，因为我终于有机会近距离观察小燕子筑巢的全过程了。① 从开工到工程结束，我将目睹整个过程。此外，我还有

**❶叙述**

写"我"在非常认真地观察。

机会看到燕子在什么时候下蛋，如何孵化以及如何喂养小燕子。

通过观察，我发现燕子常常飞到村子外的小河边寻找建筑材料。河岸边的泥土很湿润，燕子就用嘴巴衔一块湿泥，飞回屋檐下，把湿泥粘在墙壁上，然后再飞回河边继续衔泥土。两只燕子就这样周而复始地劳作直到它们的巢筑成。

5月29日

**❷外貌描写**

说明公猫有段非常痛苦的经历，表达了作者对公猫的怜悯之情。

看见燕子如此勤劳，我也很高兴，但同时我也为它们担心，因为除了我在关注它们筑巢，还有一只流浪的公猫也在关注着它们。② 这只肮脏的公猫有着一身乱糟糟的毛，右眼已经瞎了。它早上爬上屋顶，观察着来回忙碌的燕子。趁它们不在，公猫还会悄悄溜到屋檐边，看样子它是在看燕巢建好了没有。

公猫的举动让燕子发现了，它们开始焦躁不安。如果公猫一直在屋顶徘徊的话，两只燕子就会停下筑巢的工作。我在想，小燕子会不会离开这里，到其他地方筑巢呢？

6月3日

这位不速之客干扰了燕子筑巢的进度，在担惊受怕之中，燕子筑巢的进度变得非常缓慢，它们现在只把底部做好了，薄薄的一圈紧贴在屋檐下。中午过后，我再也没有见到燕子回来。我猜想它们已经放弃了这个地方，去寻找一个更加安全的地方筑巢。① 如果这样的话，我就没有办法观察燕子的日常活动了，真令人懊恼。

6月19日

这一段时间天气变得炎热起来，那两只燕子还没有回来。屋檐下那个建了一点儿的燕子窝已经完全被晒干，变成了灰色。天空突然乌云密布，紧接着就下起了瓢泼大雨。房檐下垂挂起一道晶莹透亮的雨帘。很快河水漫过了堤岸，倒灌进田野里，肆意地流着。

直到傍晚，雨才止住。这时，我惊奇地发现，两只燕子又飞回来了。它们嘴里衔着湿泥，又开始继续之前的建造工程。我在猜想，它们这段时间没有出现，是因为河床干了找不到湿泥，而不是被公猫给吓跑了。

6月20日

让我惊喜的是，燕子终于回来了，不是一只或一对，而是一大群的燕子。② 它们在邻居的房檐上盘旋，然后落下来，"叽叽喳喳"地叫着，好像在开一个什么会议。也许它们是在讨论一件重大的事情。

整个会议持续了十多分钟，然后除一只雌燕外，其他燕子都飞走了。我想：它是不是巢的主人，把亲朋好友请来出谋划

**❶心理描写**
　　公猫打扰燕子筑巢，"我"因为担心燕子会换地方，而对公猫的行为感到非常气愤。

**❷想象**
　　表现了作者丰富的想象力。

策的？你看它抓着巢的边沿一动不动，只用嘴左右涂抹着，像是在修理边缘。不大一会儿，雄燕飞了过来，它把衔着的一块湿泥递给雌燕，然后就飞走了。

公猫也发现了再次出现的燕子。可是燕子这一次并没有害怕，它们就当公猫不存在一样一直忙着自己的工作。这对勤劳的燕子直到傍晚才把巢筑好。

我亲眼观看了燕子筑巢的全过程。我真心希望那只流浪的公猫离它们远远的。我想燕子肯定也是聪明的动物，它们在选址时已经考虑了安全因素。

发自驻森林通讯员　维利卡

# 农场生活

**❶叙述**
为下文描写农场里繁忙的景象做铺垫。

①农场里，人们现在显得异常忙碌。在给地里播完种之后，人们又把农家肥和化肥运到田边，准备给地里施肥。菜园里，人们也一阵忙碌，之前刚刚种下土豆，现在还要种胡萝卜、黄瓜、芜菁和甘蓝等。亚麻已经长高，但里面夹杂着许多杂草，人们还要去除草。

孩子们也有干不完的农活。他们帮助大人栽种、除草、修剪果树，还要把白桦树的枝条摘下来绑成扫帚。田野里生长着鲜嫩的荨麻，这可是上等的野味，用它做出来的汤鲜香无比。有些孩子是捕鱼能手，他们懂得各种捕鱼的方法，如：要用鱼竿钓小鲤鱼、斜齿鳊、铜鱼、鳜鱼、鲈鱼、鳊鱼等；而鳕鱼和小梭鱼则需要设置鱼篓和鱼梁；要想捉到鳜鱼、梭鱼和鳕鱼，就需要撒下鱼饵。

他们在一根长杆顶上绑上了网框，又在框子上安装了袋形的网，这样就可以用来网鱼了。

①即便到了晚上，孩子们也不会闲着，他们会在岸边放下一个个虾网，然后等着虾自动投网。岸上的一堆篝火已经生着了，孩子们围在篝火旁又蹦又跳，累了就坐下来围着篝火讲故事，这真是快乐的童年。

去年秋天种下的麦子现在已经齐腰高了，春天播种的农作物长势也不错。清晨传来一阵灰山鹑的叫声，原来它们没有搬家。母山鹑正在孵蛋。等到蛋快要孵化好的时候，它们会尽量闭嘴，因为叫声会引来麻烦。那些鹰、狐狸和小孩都对鸟蛋垂涎三尺，一旦叫声把他们引来，后果不堪设想。

发自驻森林通讯员　安娜

## 父母的小帮手

学校放假了，少先队员们都争先恐后地到田地里帮大人们干活。他们消灭害虫、除草，样样都是好手呢！

②孩子们好像有使不完的力气，干一会儿歇一会儿，永远不会觉得累。

庄稼很快就要成熟了，接下来的农活会更多。等麦子收割完毕，他们就会去地里拾麦穗。

发自驻森林通讯员　安娜

## 新造森林

春季造林活动取得了令人满意的成果：在东北部新增了 10 万公顷的森林面积。在欧洲部分的地区，各个农场也都新开辟了防护林带，其面积达到了 25 万公顷之多。同时，还有 10 亿株不同品种的乔木和灌木的幼苗被种到田野里。

根据计划，在秋天的时候，我们还会再组织一次新的造林活动。

塔斯社列宁格勒讯

❶动作描写
白天孩子们为了捕鱼忙碌一天，到了晚上还有精力捕虾，可见孩子们玩得不知疲惫。

❷动作描写
说明孩子们精力非常旺盛。

读书笔记

# 农场要闻

## 助人为乐的逆风

**❶拟人**
突击队员指除杂草的人们。人们之所以除杂草是因为收到亚麻们的"联名投诉"，想象力丰富，非常有趣。

①农场里的亚麻们联名给突击队员写了一封投诉信。原来是地里长了许多杂草，它们抢走了亚麻幼苗成长所需要的营养。农场在收到信后，便派了人去清除这些杂草。你看，主人们脱掉了鞋子和袜子，光着脚丫，仔细地清除着田地里的杂草。但是，有一些亚麻幼苗不幸被踩倒了。不过还好，有了风的帮助，它们很快又被扶了起来，挺直了身子，站在微风里晃动，就像什么都没有发生过一样。最终，野草都被清除干净了，亚麻又可以安心生长了。

发自尼·巴甫洛娃

## 今天头一次放风

**❷动作描写**
可见小牛非常喜欢农场。

②看呐，农场里有一群小牛在奔跑嬉戏！它们还是第一次来到牧场上。它们左顾右盼，高兴坏了。

发自尼·巴甫洛娃

## 绵羊来脱皮大衣

红星农场里有一间特殊的理发室，10名经验丰富的理发师在这里忙碌着。不过，你们可不要以为他们是在给人理发，其实他们是在给绵羊剪毛。③他们手里拿着专用的工具，轻轻地给绵羊剪着羊毛，而那些剪过毛的绵羊就像脱了一件衣服似的。

**❸比喻**
写出了剪毛工人把绵羊的毛剪得很干净。

发自尼·巴甫洛娃

## 重要的节日

果园里迎来了重要的节日，果树上的花儿们都竞相开放。昨天，梨树绽放雪白的花朵。今天，樱桃树上挂满了成串的花儿。再过几天，苹果树也将开花。

发自尼·巴甫洛娃

## 农场新生活

昨天对于番茄来说是极有意义的一天。它们被主人们从温室搬迁到农场的田地里，黄瓜成了它们的邻居。这些番茄之前在温室里生长得很好，很快就要开花了。可是，黄瓜却还处于婴儿期，它们被薄膜覆盖，只露出了顶端的头儿。它们现在还很娇嫩，需要被好好保护，否则一旦被那些馋嘴的鸟儿发现，就会遭殃的。

发自尼·巴甫洛娃

## 来帮帮六条腿的朋友吧

庄稼地里有数不清的昆虫。提到昆虫大家一定会想到那些毁坏庄稼的害虫。可是，还有那些有益的昆虫呢，如：蜜蜂、丸花蜂、姬蜂和甲虫、蝶类等。①别看它们身体那么弱小，可它们为庄稼传授花粉立下了汗马功劳。现在，它们正在给黑麦、荞麦、大麻、苜蓿、向日葵等作物授粉呢。

②虽然能传授花粉的昆虫数量并不少，但是在数量庞大的植物面前，它们也显得力不从心，所以这时人类就会给黑麦、荞麦、亚麻等植物进行人工授粉。我们的做法是这样的：先找一条长绳子，然后两个人一人拉一头站在田地的两头，将它慢慢从植物头顶掠过，轻轻把植物压弯，这样上面的花粉就会落下，再经过风一吹，花粉就会传播到整片田地里。它们也有可能沾在绳子上，但只要有一部分传播到别的花朵上就行了。不过给向日葵授粉就不能用这种办法。我们得先把向日葵的花粉涂抹在一块兔皮上，再用这块兔皮轻轻拍打另一个盛开的向日

**❶叙述**

写出了有益的昆虫的好处。

**❷叙述**

写需要授粉的植物数量巨大，昆虫忙不过来，为下文写人工授粉做铺垫。

葵的花盘。

发自尼·巴甫洛娃

# 城市新闻

### 跑到列宁格勒的驼鹿

5月31日早上，一头驼鹿出现在了列宁格勒的梅契尼科夫医院附近。最近几年，城市里经常出现驼鹿的身影。这些驼鹿大多来自符谢沃罗得区的森林里。

### 会说人话的鸟儿

有一天，我们的编辑部接待了一位市民，她向我们诉说了一件有趣的事："昨天早上，我到公园里去散步，然后就听到灌木丛里传来一阵说话的声音，听上去很清脆，不过这个声音很小，但依旧能听出它在问我，'你看到特里希卡了吗？'我扭头看了一下周围，并未发现有人跟我说话，只看到一只长有红色羽毛的小鸟站在灌木丛里。①我还从来没有见过这种鸟，难道这种鸟会说话？那它说的特里希卡又是谁呢？我正百思不得其解之时，②它又一次问我：'你看到特里希卡了吗？'我想走近几步近距离观察它，结果它却钻到灌木丛里不见了。"

通过这位市民的描述，我们可以大致判断出这是一种产自印度的叫朱雀的鸟儿。它能发出尖哨一样的声音，听起来像在问话，不过，不同的人会有不同的理解。如：有的人就听到的是："你看到特里希卡了吗？"也有的人听到的是："你看到格里希卡了吗？"

**❶心理描写**
因为鸟儿的声音很像是在问话，就导致市民心里产生了疑惑，以为鸟儿会说话。

**❷拟声**
把朱雀的声音形容成一句问话，说明它们的声音非常有趣。

48

## 海里来的朋友

最近，有一大批鱼从芬兰湾游到涅瓦河。这是一种叫作"胡瓜鱼"的鱼，它们这次是来河里产卵的。渔民们忙碌了起来，开始忙着打捞胡瓜鱼。因为等胡瓜鱼产完卵，它们就又会游到海里去生活了。

事实上，海里有很多鱼都会游到河里来产卵，然后再回海里生活。但有一种鱼则相反，它在河里生活却把卵产在海里。这种鱼就是小扁头，它们都是在大西洋的海藻丛里出生的。

① 你对这种鱼是不是很陌生？这也难怪，因为它们很小，而且只有在海藻中生活的时候才叫"小扁头"。因为它在大海中生活的时候，身体扁扁的，看上去像一片树叶，而且呈透明状，身体里的器官都能看得一清二楚，所以才得名"小扁头"。

小扁头会在海洋里生活三年左右，等到了第四个年头，成群的小扁头就会从大西洋游回涅瓦河，这段距离长两千五百多千米。当它们回到河里的时候，身体已经长得像蛇一样，这时它们又有了另外一个名字——"鳗鱼"。

**❶设问**

说明了小扁头这种鱼不被大家认识是很自然的，因为它们很小，且生活在海藻中很少被人发现。

## 有生命的"云"

6月11日，列宁格勒市区的涅瓦河畔有零零星星的人在散步。这时，天气已经很热了，太阳毒辣辣的，把房屋和柏油路晒得烫手。在这种高温环境下，人们感觉喘不过气来，心情也开始变得烦躁不安。

② 忽然，一大片灰色的"云"从河对岸升了起来。人们都停下脚步，注视着那片渐渐升腾的"云"。只见那片"云"紧贴着河面，范围很大，人们纷纷被吸引过去了。直到走近一看才发现，这哪里是什么云，分明是一大群蜻蜓。那成千上万的蜻蜓扇着翅膀，给人们送来了凉风，岸边的人这会儿感觉凉快多

**❷比喻**

非常生动形象地描写了蜻蜓的数量之多。

了。人们站在河边看着这一奇景，看那阳光透过蜻蜓的翅膀，折射出五彩斑斓的景象，像一条五颜六色的彩虹。这光投射在人们脸上，人的脸也立马变成了彩色。大家都兴奋不已，因为这一盛况实在难得一见。只是不大一会儿，蜻蜓们向着远处飞去，这片有生命的"云"也从人们的视线中消失了。

这是一群刚刚出生的小蜻蜓，它们这样成群地飞是为了寻找新的住所。① 但是它们到底在哪里出生，又去哪里安家，就没有人知道了。其实很多地方都能看到这样成群的蜻蜓。你如果有机会遇到，请仔细观察一下，看它们是从哪儿来，要到哪儿去。

**① 疑问**
引起读者好奇，留下想象、探讨的空间。

## 小鸟试飞

当你在公园或树荫下散步的时候，一定要多留意一下头上的动静，因为常常会有小鸟从枝头上掉下来，其实这是小乌鸦或小椋鸟在学飞呢！

## 路过城郊的黑水鸡

最近一段时间，在郊区居住的人们经常会在夜里听到沟里传来"呋啾！呋啾！"的鸟叫声。刚开始只是在一条沟里，后来另一条沟里也出现了这种叫声。其实，这是黑水鸡的声音，它们只是路过这里。黑水鸡和秧鸡有着血缘关系，它们也是穿越了整个欧洲才到达我们这里的。

## 欧鼹

在人们印象中欧鼹是一种啮齿类动物，常常被看作是鼠类的一种。人们认为它跟老鼠一样，喜欢刨洞，也喜欢吃植物的根。其实，这是一种错误的认识，欧鼹不是鼠类。② 从长相来看，它们更接近于刺猬，只不过它们身上没有尖尖的刺，反而长着天鹅绒一样的皮毛。欧鼹主要吃金龟子和其他害虫的幼

**② 外貌描写**
说明欧鼹常常被人误认为是鼠类的原因。

虫，并不危害植物，所以，它也是一种对人类有益的动物。

有时候，欧鼹会在你的花园或菜园里刨个洞，可能不小心会伤害到蔬菜或者花儿，但它不是故意这样做的，所以请你大可不必生气。如果想要赶跑它，你可以找一根长竿，在上面装一个小风车，把长竿插到土里，当风车被吹得呼呼转的时候，泥土随之颤动。欧鼹是一种非常胆小的动物，它会被这种颤动吓跑的。

读书笔记

发自少年自然科学爱好者　尤拉

# 打靶场

## 第三场竞赛

1. 蚱蜢靠什么发出声音？

2. 沙锥靠什么发出声音？

3. 麻鸦为什么会有"水中的公牛"之称？

4. 蜘蛛有几条腿？

5. 甲虫有几对翅膀？

6. 什么鸟会徒步从南方走到我们这里来？

7. 椋鸟蛋孵出小鸟后，碎蛋壳去了哪儿？

8. 有一种动物的耳朵是长在脚上的，你知道它是什么动物吗？

精华赏析

本章主要写了春天的第三个月，大地一片欢腾的景象。森林、城市、农场的小动物们都活跃起来了，有一起打架的，有一起跳舞的，有一起唱歌的……非常热闹。

延伸思考

1. 天牛是用什么来发出悦耳的声音的？
2. 哪种鸟飞行速度慢，但是奔走速度却极快？
3. 小扁头的取名缘由是什么？

相关链接

天气转冷之时，蜻蜓已经在水中留下了后代——水虿。水虿经过冬季和春季的发育，便长成三四厘米长的幼虫。

# 鸟儿筑巢月

名师导读

　　夏天快要到了，小动物们为了繁衍下一代都忙着建造自己的房子，让我们去看看它们是如何建造自己的房子的！

## 太阳诗篇——6 月

　　夏天就要到了，蔷薇花开放了，候鸟都飞回来了。白天的时间越来越长，阳光尽情地照耀着大地，①花瓣和各种草的叶子上都挂满了露珠，在阳光下闪闪发光，美丽极了！金灿灿的阳光照耀在草地上，草地变成金色的了！凡是阳光照射到的地方，都充满了美丽的光芒，让人向往。

❶景物描写

　　表达了作者对阳光的喜爱之情。

　　天刚刚亮，勤劳的人们就迎着太阳出发了。人们到山里去采集草药，希望在生病的时候，将它所蕴含的太阳能量转移到自己身上，让自己重新充满力量，抵御疾病的侵害。

　　一年中北半球白天最长的一天——夏至，已经悄悄过去了。

　　从那天开始，白昼的时间会渐渐变短，黑夜将渐渐变长。

但是，这是一种细微的变化，是无声无息的，却又是真实存在的。① 就像春天刚到来的时候一样，人们会欣喜地说："看！夏天探出了头，它就在篱笆的缝隙里呢……"

　　鸟儿们安好了自己的家。家里都有几颗五颜六色的鸟蛋，蛋里孕育着鲜活的小生命。不久之后，这些柔弱的小生命便会从"堡垒"里钻出来，去看这个美丽的世界了！

# 不同的住所

　　孵化小鸟的季节来到了，鸟类居民们都在大森林里为自己建好了住宅。

　　《森林报》的信息员们计划去调查一下，看看动物朋友们把家建在了哪里，看它们过得好不好。

## 各式各样的"房子"

　　夏季正是繁衍后代的时节，小动物占满了整个森林，② 林子里几乎没有空地了，地面、地底、水上、水底、枝头上、树干中、草丛里、半空中，都搭建好了住房。

　　黄鹂把家建在高高的白桦树枝上。它的窝是用大麻、草茎和毛发建成的，就像一个轻巧的小花篮。里面躺着黄鹂生的蛋，就算风儿吹动枝干，它们也会稳妥安全，一定不会掉下去摔坏。真是奇妙！

　　还有很多的鸟儿把家安在了草丛里：百灵鸟、林鹨、鸦……在这众多的"住房"中，篱莺的家是我们的通讯员最喜欢的，上面有个顶棚，侧面有个门，是用干草和苔藓搭建而成。

鼯鼠、木蠹虫、小蠹虫、啄木鸟、山雀、椋鸟、猫头鹰及其他一些鸟儿，这些动物朋友们是在树洞里安家的。

鼹鼠、田鼠、獾、灰沙燕、翠鸟和各种各样的虫儿居住在地底下。

䴙䴘喜欢在水面上安家。䴙䴘是一种会潜水的水鸟，其住宅是用干草、芦苇和水藻做成的，就像是一只小船，可以在水面上随处漂荡。

还有河梃子和一种银色的水蜘蛛会把家安在水底下，真是好玩极了！

## 谁的"房子"最好

看到形形色色的"房子"，森林通讯员想从中评选出一所最好的"房子"。① 但是，无论哪一所"房子"都很有特点，真是让人难以抉择啊！

这其中要数雕的"房子"最大了，它是用粗壮的树枝搭建而成的，就在高大的松树枝干上。

黄头戴菊鸟的巢最小，仅有拳头那么大。那是因为它的个头儿比较小。

田鼠的窝最巧妙了，到处都是出入口。谁要是想在田鼠的家中捉到它，那也只能是白白耽误工夫。

卷叶象鼻虫的窝最精美。② 在搭窝时，它先要咬断白桦树叶的叶脉，等树叶枯萎的时候，再把它卷成筒状，并用唾液将叶子粘牢。在这所精美的小"房子"里面，雌卷叶象鼻虫繁育着下一代。

丘鹬和夜鹰的巢构造最简单了。它们都不愿意在筑巢上下功夫。丘鹬干脆把蛋下在河边的沙滩上，夜鹰也是把蛋下在树

✏ 读书笔记

❶侧面描写 ·········
体现了小动物的房子都非常有特色，为下文写各种小动物的房子做了铺垫。

❷细节描写 ·········
写出了卷叶象鼻虫怎么搭建自己的窝，表现了小动物们的聪明。

下的枯叶堆或是小坑里。

最漂亮的是柳莺的家。它的家安在白桦树干上，用来装饰外部的是苔藓和比较薄的白桦树皮。①它们偶尔还会衔来一些五颜六色的纸片，粘贴到"房子"上面，让"房子"看起来美丽极了！

长尾山雀的窝最舒适了。长尾山雀又叫"汤勺鸟"，因为它的样子像一个长长的勺子。长尾山雀的窝，里面是用绒毛、羽毛和兽毛编成的，外面则用苔藓和地衣粘紧，整个造型就像是一个圆溜溜的南瓜。窝巢最上部正中间，是既小又圆的进入口。

河榧子的幼虫的小"房子"是最轻便的。河榧子是一种有翅膀的昆虫，当它静下来的时候，就会把翅膀收拢，这样正好把自己的身体遮挡住。然而，它的幼虫是没有翅膀的，浑身光溜溜的，生活在小溪和小河的底部。

河榧子的幼虫常常会搜寻一段和自己长短差不多的细枝或者芦苇秆，把用泥沙做成的一个小圆筒粘贴在上面，接着就倒着爬进去了。

这是多么便捷呀！它可以把整个身体藏进小圆筒里面，美美地睡上一觉，谁也不知道它在哪里。它想搬家了，②只要露出前脚，背起"房子"挪个地方就可以了。这可真是太方便了！

河榧子的幼虫在水底发现了一个香烟嘴儿，就把它当作了自己的巢，钻了进去，然后带着香烟嘴儿自在地到处旅行。

银色水蜘蛛的巢最为奇特。它先在水底的水草上结网，接着用自己毛茸茸的肚皮从水面上带回一些气泡放到网的下面，它就这样生活在有新鲜空气的"房子"里面。

① **感叹**
可见柳莺非常爱美。

② **动作描写**
说明了河榧子的房子非常轻巧，非常方便。

## 还有谁会盖"房子"

通讯员们还找到了鱼类和野鼠的巢穴。

刺鱼为自己制造的"房子"非常不错。负责建造的是雄刺鱼，它只要那些分量较重的草茎，因为就算把草茎放到水底，草茎也不会漂浮起来。刺鱼家的墙壁和天花板就用到了这种材料，并且要用唾液把它们粘好，再用苔藓把墙壁上的小窟窿堵上，最后还要在墙壁上开两扇门才行。

巢鼠的窝和鸟窝基本相似，也是用草叶和草茎搭成的。巢鼠把窝挂在圆柏树的树干上，离地面差不多有两米的高度。

## 动物用什么材料盖"房子"

森林里的居民们用来搭窝的材料真是五花八门，多种多样。

①爱唱歌的鸫鸟，用朽木渣把自己的窝的内壁涂了一遍，就像我们往墙上抹水泥一样。

家燕和毛脚燕的窝是用烂泥搭成的，并且用唾液粘贴得牢牢靠靠的。

黑头莺的窝是用细树枝搭建而成的，它用又轻又黏的蜘蛛网将这些细树枝牢牢粘住。

有一种鸟拥有一种特别的能力，它能在笔直的树干上头朝下走来走去，这就是䴓。它把家安放在入口很大的树洞里面。为了防止松鼠误闯进来，它就用胶泥把洞口封锁住，仅留一个小小的出口，只够自己进出，别人是休想进来的。

②翠鸟满身翠绿色，并且带有咖啡色的花纹，它的窝很有趣。它通常在河岸上深挖一个洞，接着在地面上铺上一层细小的鱼刺。就这样，一张床垫就完成了。

读书笔记

**❶拟人**
可见鸫鸟十分聪明。

**❷外貌描写**
说明翠鸟有着一身漂亮的羽毛。

# 到别人家借住

有些动物不会或是懒得造"房子",那就只好暂时在别人家里居住。

杜鹃就经常把蛋下在鹡鸰、知更鸟、黑头莺或是其他会筑巢的小鸟的家里面。

还有黑丘鹬也不会自己建"房子"。通常它会找一个废弃的乌鸦窝,然后直接在里面孵化下一代。

鲍鱼安家和产卵的地方经常是水底沙壁上的一些废弃的虾洞。

**①叙述**

总写了麻雀的智力,引出后文它一次又一次搬家过程中所表现出的智慧。

①还有一只麻雀,在安家上表现得十分精明。它先在屋檐下搭了一个窝,这个窝却被一群调皮的小男孩给破坏了。后来,它在树洞里安了家,可是伶鼬偷偷跑进来把它的蛋都偷光了。最后,它竟然把家建在了大雕的窝巢边。小小的麻雀在雕的窝旁搭起一个窝,这个家一点儿都不占地方。

现在,小麻雀再也不用担心自己的窝被毁坏了。大雕是不会注意麻雀这个小小的邻居的。只要有雕做邻居,无论是伶鼬、猫儿、老鹰,还是小男孩,他们都不敢接近麻雀了,有哪个不怕大雕啊!

# 动物的群居生活

有些动物喜欢在森林里群居。

**②举例说明**

说明这些动物喜欢在森林里群居。

②蜜蜂、黄蜂、丸花蜂和蚂蚁的居所,能容纳数以百计的家庭成员。

一些果木园或者小树林是秃鼻乌鸦的领地,秃鼻乌鸦成群地居住在里面。沼泽地、沙岛或者浅滩是海鸥的领地。灰沙燕们则会在陡峭的河岸上凿出许多的小洞，把河岸弄得像个筛子，然后一起在里面生活。

# 林中纪事

## 狐狸侵占獾的家

狐狸家的天花板掉下来了，房子也塌了！狐狸差点儿就被压死。

<u>① 家里没法住了，狐狸想着得赶快搬家。</u>

就这样，狐狸来到了獾的家。獾的住所是它一点儿一点儿挖出来的，里面安全舒适。为了防止敌人入侵，獾还在洞里开了好几个出入口，并挖了一条条密道，就像迷宫一样，方便它安全逃生。

獾的家很宽敞明亮，即使两家合住，也是没有问题的。

狐狸央求獾借给它一间房，可是獾说什么也不答应。獾爱干净，讲卫生，家里收拾得井然有序，绝对受不了乱糟糟的情况，所以它说什么也不让狐狸带着孩子搬过来合住。

狐狸被獾毫不留情地赶了出去。

狐狸想出了一个办法来对付獾。

它假装钻进了树林，其实它悄悄地躲在了灌木丛后，等着獾出洞。

獾从家里出来，向四周张望了一番，发现狐狸已经走了，就离开家到树林里找东西吃。

狐狸趁机溜进獾的家里，将里面弄得乱七八糟的，最后在地上拉了一泡屎就走了。

**❶心理描写**
写出了狐狸搬家的原因。

🖊 **读书笔记**

① 獾回来后，看到洞里的景象，气得发抖。它想不能继续留在这儿了，就离开此处，到别的地方去安家了。

等獾走后，狐狸得意扬扬地带着孩子们搬到了这个舒适的房子里，不走了。

## 植物的有趣之处

水塘里长满了浮萍，有些人管浮萍叫苔草。其实它们是两种不同的植物。② 浮萍有细长的根，有漂浮在水面上的绿色小圆片，看起来像一个个绿色的小饼。它没有叶子，偶尔会开出几朵小花，并不多见。浮萍能快速繁殖。

这种植物生活得无拘无束，随遇而安。就算野鸭从它身边经过，它也不放过这个旅行的机会，附在鸭掌上，被带到另一片水塘，开始新的旅程。

发自尼·巴甫洛娃

## 找不到夜鹰的蛋了

我们的通讯员看到了一个鸟窝，那是夜鹰的家，里面有个蛋。正当我们试图走近的时候，夜鹰妈妈却飞走了。

不过，我们的通讯员并没有动窝里的蛋，只是记下了窝的具体位置。

一个小时以后，我们的通讯员又一次来到了鸟的窝前，可是却发现里面的蛋不翼而飞了。

③ 蛋到哪里去了呢？两天之后，我们的通讯员才查实清楚，原来是夜鹰妈妈为了防止人类掏走自己的蛋，把蛋转移到别的地方去了。

## 与入侵者斗争

关于刺鱼在水下是如何造"房子"的，我们在之前已经讲述过了。

当住所建好以后，雄刺鱼就会去寻找另一半。它把一条雌刺鱼领回家来后，雌刺鱼会从一边的侧门进到"房子"里面去产卵，产完之后立刻从另一边的门离开。

①接着雄刺鱼再去找第二位夫人，还有第三位、第四位。和之前的做法一样，这些刺鱼夫人都是产完卵后就离开，再也不来了，仅留下雄刺鱼照看鱼卵。

❶叙述
    说明雄刺鱼有责任心。

雄刺鱼单独留在家中，里面堆满了刺鱼夫人产的卵。

但是，这些鱼卵要经受严峻的考验才可以生存下来。河里的许多动物都喜欢吃新鲜的鱼卵，虽然雄刺鱼个子较小，但是为了鱼卵的安全，它只有勇敢地与那些残暴的家伙进行斗争。

前不久，有一只鲈鱼对刺鱼的卵虎视眈眈，入侵了刺鱼的家。雄刺鱼勇敢地冲了上去，与这个贪吃的家伙展开了斗争。

刺鱼周身长有利刺，遇到坏人偷袭，雄刺鱼就会竖起身上坚硬的利刺，冲着鲈鱼的要害部位——鳃部凶狠地猛刺过去。鲈鱼被雄刺鱼猛烈的攻势吓蒙了，灰溜溜地逃走了。②虽然鲈鱼全身披鳞带甲，但是鳃部没有遮蔽物。

❷侧面描写
    烘托了雄刺鱼的聪明。

## 真凶被发现

森林里又发生了一起凶杀案，就发生在今晚，松鼠成了被害者。我们仔细地勘查了现场情况，认真地分析了树干上和树底下留下的蛛丝马迹。根据现场遗留的痕迹，最后，我们终于弄清了这个神秘的晚间杀手的本来面目，它就是我们北方森林

读书笔记

里的猛兽——猞猁，它也被称为最凶残的猫科动物！引起森林居民最大恐慌的也是它。丧生在它爪下的还有獐鹿爸爸。

小猞猁们都已经长大了，猞猁妈妈就经常带着它们在森林里四处寻找食物来填饱肚子。它们在树上爬来爬去。晚间，猞猁的视力还是跟白天一样好，如果谁没有在睡前把自己藏好的话，那可要面临生命危险了。

## 蝼蛄

我们的一位通讯员从加里宁格勒发回报道：

"为了练习爬树，我准备在森林里竖立一根杆子。就在准备挖土的时候，我发现了一只从未见过的小动物。它大约5厘米长，全身长满了棕黄色的茸毛，和兽毛很像，又短又密。背部长着两片薄膜，就像是一对翅膀。前脚上有爪子。它看上去有点儿像黄蜂。它长着六条腿，因此我推测它应该是一种昆虫。"

编辑部的回答：

这确实是一种昆虫，名叫蝼蛄。<sup>①</sup>蝼蛄的两条前腿长得特别像剪刀，它在地底下穿梭，就是靠这双"剪刀手"剪断那些植物的根来开辟道路。而蝼蛄颚上长有锯齿状的薄片。

蝼蛄在加里宁格勒尤为少见，在列宁格勒更是难以找寻到它们的影踪，但在南方各州却是经常见到的。很多时候，蝼蛄和鼹鼠一样，在地下挖掘通道，然后在里面产卵。蝼蛄的窝和鼹鼠的窝非常相似，同样也是在上面堆出个小土堆。<sup>②</sup>因为蝼蛄有一双大而柔软的翅膀，所以它擅长飞行。这是鼹鼠所不能比的。

要想见到这种奇特的昆虫，就要去潮湿的泥土中找寻，尤其是在水边、果园和菜园等地方。选好一个地方，然后每天天

❶比喻
　说明蝼蛄的前腿非常锋利，才能在地底下来回穿梭。

❷对比
　体现了蝼蛄的不一般。

62

快黑的时候，在那儿浇上水，再在上面盖些碎木屑。到了晚上，蝼蛄就会主动钻到木屑下面的湿土里。

## 蜥蜴妈妈

我在树林里的树桩旁捉到了一只蜥蜴。回到家后，我将它放到一个大玻璃罐里，再在里面放了些沙子和小石头。① 我每天定时喂它食物和水，并且还找来一些苍蝇、甲虫、蛆虫和蜗牛等供给它吃。它每次看到这些东西，就会狼吞虎咽，饱餐一顿。它非常喜欢吃甘蓝里的白蛾子，每次只要看到它，都会忙不迭地张大嘴，吐出舌头，饿虎扑食一般扑上前去，那场面很是有趣。

一天早上，我看到有十几个椭圆形的卵在小石头间的沙土里，它们很小，外壳很软很薄。蜥蜴把这些卵弄到了一个可以晒到阳光的地方。一个多月过去了，十来只小蜥蜴从壳里爬出来，长得跟它们的妈妈一模一样。

现在，蜥蜴妈妈正带着小蜥蜴在小石头上懒洋洋地晒太阳呢！这画面真的很温馨。

发自驻森林通讯员　舍斯加科夫

## 小燕雀和它的妈妈

我们家的院子里，草木茂盛，到处是生机勃勃的景象。② 有一次，我在院子里看到一只小燕雀。它飞到了我的脚边，小脑袋上长着一撮儿短绒毛，就像一个小犄角，可爱极了！我捉到了它，把它放在窗台上，陪它玩耍。

不一会儿，小燕雀的爸爸妈妈来给它喂食了。

小燕雀一直待在我家。直到晚上，我才关上窗户，将它放进了笼子里面。

**❶叙述**

说明"我"非常了解蜥蜴的生活，对蜥蜴非常喜欢。

**读书笔记**

**❷动作、外貌描写**

小燕雀飞到"我"脚边，说明它胆子很大不怕人。脑袋上长着像小犄角的短绒毛，生动形象地表现了它的可爱。

❶叙述

说明燕雀妈妈很早就去为小燕雀觅食了，可见燕雀妈妈非常爱小燕雀。

①第二天五点钟，我一起床，就看到燕雀妈妈嘴里衔着一只苍蝇，早已经站在窗台上等着了。我马上跑过去，轻轻地打开窗户，悄悄地躲在暗处观察它们。

过了一会儿，燕雀妈妈就迫不及待地又飞回来了。小燕雀一看到妈妈就叽叽喳喳地叫了起来，因为它太饿了。燕雀妈妈飞到笼子前面，小心地喂起了自己的孩子。

我趁燕雀妈妈又出去给孩子找食物的空隙，把小燕雀从笼子里拿出来，搁到了院子里，希望它的妈妈把它带走。

当我再次到院子里来看小燕雀的时候，它已经不见了，可能是燕雀妈妈把它带走了吧。

发自伏洛佳·贝科夫

## 金线虫

我听人说，在人们洗澡的时候，有一种虫子会趁机钻到人的皮肤里，在皮下钻来钻去，让人痛苦难忍。它就是生活在河流、湖泊、池塘或者一些深水坑里的一种叫金线虫的神秘生物。

金线虫是红棕色的，像一根红头发或是一根被斩断的金属丝。②它的身体异常坚硬，就算把它放在石头上，用力砸它，它也不会有事。它的身体的灵活性极好，既能伸缩，也能变换其他造型。

❷正面描写

写出了金线虫的身体特征。

其实，金线虫并不会对人造成伤害，它只是一种异常普通的软体动物而已。雌金线虫的肚子里都是卵，这些卵会在水里孵化成长着角质长吻和钩刺的幼虫。这些幼虫一旦遇到其他动物的幼虫就会寄居在对方身上，钻到它们的身体里去，然后被外皮包起来。有意思的是，如果宿主没有被水蜘蛛或者其他昆虫吃到肚子里，那它的生命就这样匆匆画上句号了。宿主如果被其他生物吃掉，也是没有关系的，它只是换了新的宿主而

读书笔记

已。等到幼虫们长成软体虫的时候，它就会重新回到水中，去吓唬那些比较迷信的人了。

## 猎杀蚊子

达尔文自然资源保护区的办公楼坐落在一个半岛上，岛周围是雷滨海，这是一个新的特殊的海。不久以前，这里还是一大片繁盛的森林。因为海水比较浅，所以有些地方还能看到露出水面的树梢呢。海水是温热的，所以这里就成了蚊子的住所，数不清的蚊子在这里繁衍生活。

这些蚊子钻进科学家们的食堂、卧室和实验室里，害得大家吃不好、睡不好，工作也不能正常进行了。

直至今天晚上，每个房间里突然响起了枪声。

①到底是怎么回事？发生了什么？其实没什么大事，人们只是在用枪射杀蚊子而已！

这是科学家们想出的消灭蚊子的好办法：将少量打猎用的火药放到弹壳里压实，堵上填弹塞，接着灌满杀虫粉，最后把弹壳封闭起来，防止杀虫粉漏出来。

只要一开枪，杀虫粉就会像细小的灰尘一样，布满房间的每个角落，蚊子自然也就全部被消灭了。

## 抓"小偷"的绝招

为了防止雕鸮偷食家禽，人类就在房子四周拉上铁丝网，尤其是在露天家禽场和没有顶棚的笼子上拉上几条细绳，这样就能抓到它们。②当这些"小偷"准备扑向家禽的时候，它们会先在绳子上停歇，因为它们自认为这些绳子很结实。可是，只要它们上去，这些细细的绳子就马上会使它们栽一个大跟头，因为绳子既细又松。

它们只要中了圈套，就只能在树上倒挂着，一动不动，因

**❶设问**

说明大家因为蚊子的骚扰变得非常恼怒，以至于用上了枪。

**❷心理描写**

猫头鹰、雕鸮在偷家禽的时候，觉得笼子上的绳子很牢实的心理，导致它们被人们抓住。

为害怕掉下去摔死。这太好玩了！等到了天亮，它们只得乖乖地让人抓住。这真是个好方法，人类实在太聪明了！

这只是一个传说，不知道是不是真的有效，但可以试验一下。只要方法类同就好，不一定用相同的道具。

# 农场生活

①山鹑宝宝们在黑麦田里开心地滚来滚去，就像一个个小黄球似的，可爱极了！山鹑宝宝们的爸爸妈妈在田里闲逛，它们在后面开心地唱着歌。这里的农田对它们来说，就像家一样，它们每天都会来这里玩耍。

❶比喻
说明山鹑宝宝长着黄色的绒毛，非常可爱活泼。

农场里一片热闹，割草机来回奔忙，发出轰轰的响声，就像是美妙的伴奏乐曲，而所过之处散发出牧草的清香。看着一排排整齐的牧草，人们的干劲儿更足了。

②孩子们也不停息，一个个踊跃地拔着大葱，脸上洋溢着幸福的微笑。绿油油的葱苗随风摇动，这景象看着就让人觉得高兴。

❷场景描写
描写了孩子们拔葱苗的热闹场景，透露出一种喜悦的气氛。

森林里，男孩子和女孩子们结伴去采摘浆果。现在正是采摘草莓的好时节，在向阳的小山坡上，甜甜的草莓成熟了。森林里的黑莓马上就要成熟了，覆盆子也快熟了。在林间长满苔藓的沼泽地上，桑叶悬钩子由白色变成了红色，又由红色变成了金黄色。你喜欢吃哪种浆果，就去采吧！

孩子们实在太想去了，可是他们确实没有时间，还有打水、浇菜、拔草等一大堆的活儿在等着他们，他们就是这样懂事。即使这样，他们的心里也是异常的满足，因为靠劳动获得了更多的快乐，而这种快乐是他们发自内心的。

发自尼·巴甫洛娃

读书笔记

# 农场纪事

## 牧草的投诉

✒ 读书笔记

农场里的牧草们很不开心，因为老是被农场里的人欺负。现在正是牧草们的开花期。快看，有的已经开花了，有的还是花骨朵儿，里面隐约有白色的羽状柱头，柔弱的丝上挂着成团的花粉。

突然有一天，一群人来到这里，将牧草全部都割了下来，而且是连根拔起的。这可怎么开花呀！也只有重新再生长了！

通讯员通过深入了解，总算弄清楚了事情的原委。人们之所以割草，是因为要给牲口们储备足够多的粮食，以备不时之需，人们并没有做错什么。

## 被晒伤的小猪

①炎热的夏日，两只小猪崽儿在外面散步，后背却被晒伤了。受伤的地方起了大大的水泡，疼得小猪们"嗷嗷"直叫。直到医生来了，它们的伤情才算控制住了。因此，炎炎夏日还是待在家比较好，最起码不会被晒伤。

**❶侧面描写**
体现了夏天的阳光炽热。

## 去"疗养"的母鸡

②黎明时分，农场里的母鸡们就离开了这里，被送到了"疗养地"，而且是坐着专列去的，很威风。为了让它们更快地适应那里的环境，它们的房子也一起被运过去了。

刚收割完的麦田，就是母鸡们的疗养地。麦子收割完毕后，很多麦粒会撒在田地里面。人们将母鸡们带到这里，就是为了不浪费这些麦粒。

**❷叙述**
把母鸡被送去农场这件事形容成母鸡被送去疗养院，让读者读起来觉得很幽默。

所以，这里也就成了一座母鸡村。不过，这只是暂时的，等它们把田里的麦粒吃干净后，就会乘着专车去别的地方继续"疗养"了！

## 想要离开妈妈的绵羊宝宝

**❶心理描写**
绵羊妈妈没办法阻止羊宝宝的离开，所以非常难过。

绵羊宝宝们已经有三四个月大了，它们要开始离开妈妈自己生活了。[1] 绵羊妈妈很伤心，舍不得宝宝们离开自己。可是没有办法，最终宝宝们还是要离开。孩子们长大了，要学会自己安排生活，这样它们才会有更大的成长空间。

## 马上出发的浆果

浆果们准备从农场出发进城去，因为它们都成熟了。好多伙伴都争抢着要去：有覆盆子、醋栗、茶藨子等，可热闹了！

醋栗说："虽然我现在还没有完全成熟，身体还发硬，但是我能坚持住，这点儿苦不算什么，我已经迫不及待要出发了！"

**❷拟人**
赋予浆果们语言表达能力，更带感情色彩。最后一段体现了覆盆子胆小的特征。

[2] 茶藨子说："我也相信自己，把我武装一下，我也可以到达。"

覆盆子底气不足地说："我心里很害怕，还是让我在原地好好待着吧！我最怕坐车了，头晕目眩的，我怕还没到那里，我就散架了！"

## 少年科学爱好者讲的故事

**读书笔记**

今年夏天，我们经常能听到杜鹃的叫声，"布谷——布谷"，声音好听极了！以前只偶尔来几只，飞到我们农场的一小片小橡树林边，叫几声就飞走了，今年却变了样。

这个时候，人们通常到茂密的橡树林里去放牛。中午时分，牧童慌里慌张地跑过来，大声地喊着："牛发疯了！快来呀！"

人们匆忙赶到那里，那里已经闹翻了天！母牛们用尾巴抽打着自己的脊背，在树林里到处乱跑，并把自己的脑袋往硬物上乱撞。这可怎么办呢？这已经威胁到人们的生命安全了。

大家伙儿费尽九牛二虎之力把牛赶到了别处。但这里到底发生了什么事情呢？

原来是小小的毛毛虫让一头壮牛发了疯。① 那些浑身毛茸茸的、棕色的小家伙，就像小野兽一样厉害，把叶子都啃光了。因此，树枝变得光溜溜的。它们被风一吹，正好落到牛的眼睛里，牛什么也看不见了，眼睛是又痒又疼，这才出现了前面的情况。

救星终于来了，杜鹃、黄鹂、松鸦，它们好像商量好了似的，都赶到了橡树林里。小伙伴们高喊着："太好了！太好了！我们不用再害怕毛毛虫了。"尤其是杜鹃，来得特别多，我从来都没见过这么多的杜鹃呢。它们一个个美丽极了，我们都非常喜欢它们。

一周后，所有的毛毛虫都被鸟儿们消灭干净了。如果没有它们，后果将不堪设想。橡树们都被救活了，它们真是太棒了！② 短短的时间，它们为我们做了那么多，我们真的太感谢它们了。

发自尤拉

**❶动作、外貌描写**

说明毛毛虫非常厉害。

**❷叙述**

鸟儿们消灭了毛毛虫，从而拯救了橡树，表达出人们对鸟儿的感激和赞美之情。

# 东西南北无线电呼叫

**呼叫！呼叫！**

这里是列宁格勒《森林报》的编辑部。

今天是 6 月 22 日——夏至日，一年中北半球白昼最长的一天。此时，我们进行一次全国各地无线电播报。

呼叫苔原、沙漠、森林、草原、海洋和大山。

正处盛夏，今天是白昼时间最长、黑夜时间最短的一天，请将你们那里的情况告诉我们。

请回答！请回答！

## 来自中亚细亚沙漠的消息

太阳炙烤着大地，草木大多数都枯死了。我已经记不清最近一场雨是什么时候下的了。但即使是如此恶劣的天气，一些植物仍然没有被晒死，依然焕发着生机。

**❶外貌描写**
为下文写骆驼草顽强生长的原因做铺垫。

①带刺的骆驼草，它的根深深地扎在土地里，足足有五六米深。只有这样，它才能汲取土壤最深处的水分，保证水分的供养。灌木和草也有自己生存的方式，它们浑身长着浅绿色的细毛，并没有多余的叶子，这样可以减少水分的蒸发。还有一种叫梭梭树的树种，它只有细细的枝条，就连一片叶子也找不到。

**❷夸张**
说明风很大，描绘出树枝发出的声音很吓人。

沙漠偶尔会刮大风，无数的沙尘被卷到半空中，就像一片片乌云一样，就连太阳都被遮挡住了。②忽然，一阵莫名的响动传来，就好像是千万条蛇在同时发声，令人心惊胆战。

这并不是真的蛇在叫唤，而是梭梭树的细枝发出的声响。

每当狂风肆虐的时候，树的细枝就像鞭子一样胡乱抽打，发出恐怖的声响。

蛇现在正在睡大觉呢！就连金花鼠和跳鼠的天敌——草原蚺蛇，也耐不住热，钻到沙子底下呼呼大睡了。

这里的小动物们大多数时间都在睡觉，平均只出来活动三个月的时间。金花鼠用泥土将自己的洞口堵住，以抵挡阳光。除了清晨出去觅食，其他时间它都在洞里睡大觉。因为在这个季节，想要找一株植物实在不是一件容易的事，只有经过长久的寻找才可觅得。所以，金花鼠直接钻到地下不出来了。它计划好好睡觉——夏季、秋季、冬季都这样熬过去，等到来年春天再出去，好好地活动活动。

就连蜘蛛、蝎子、蜈蚣、蚂蚁也都纷纷藏了起来，有躲到石头下面的，有藏在太阳照不到的沙子里的，只有到了夜里才看得见它们的踪影。还有灵活的蜥蜴、笨拙的乌龟也都藏起来了。

鸟儿们都把家安在沙漠的边缘，希望离水源近一些。等到鸟儿们破壳而出，鸟妈妈就带着它们飞离这里。[①] 只有山鹑还没有离开，因为水源的问题难不倒它们，它们可以轻松地飞到100多千米外的地方找水喝，还能在嗉囊内储满水带回来给孩子们喝。虽然路程遥远，但是对它们来说，这并不算什么。只要小山鹑学会了飞行，它们就会举家离开这里。

对我们来说，沙漠并不可怕。我们采用先进的科学技术，选择地域开沟凿渠，把远处高山上的水源引到这里，就能将死气沉沉的沙漠变成生机盎然的田野和牧场，开垦出葡萄园和其

**读书笔记**

**❶叙述**
说明山鹑们飞行能力很强。

他果园，让这里绿树成荫、果香满园。

① 风是沙漠的统治者，它能将干燥的沙丘挪移到其他地方，掀起巨大浪沙，将人们辛苦建造起来的农场和房屋全都淹没。风是人们在沙漠所要面对的强劲敌人。即使这样，我们在面对它时也毫不退缩，并想到了对付它的好办法。水和植物是人们最好的盟友，只要有人工灌溉的地方，就会有大量的造林工程。树木就像哨兵一样挺立着，保护着人们的财产。青草也都将根深深地扎入土中，将沙粒紧紧抓住。风再也不能肆意横行，沙丘也被固定住了。

沙漠的夏天和苔原上的夏天一点儿也不一样。白天，所有的动物都不敢出门，害怕太阳的炙烤，只能乖乖待在家里。只有到了晚上，那些深受太阳折磨的小动物们才可以自由地闲逛。

## 来自库班草原的消息

今年是个丰收年！我们这里正忙着收割庄稼呢，一望无垠的田地里一片热火朝天的景象。收割完毕的玉米已经被人们装到火车上，运到莫斯科和列宁格勒去了。

这时候也是老鹰、雕、兀鹰和游隼捕食的最佳时机，它们盘旋在农田上空，搜寻那些爱偷庄稼的动物们——老鼠、田鼠、金花鼠和仓鼠。② 到了一年中的这个时候，农田会一览无余，"小贼"们也就无处藏身了。隔得再远，它们也无法逃脱猎者的眼睛。

正当庄稼生长的时候，这些"小贼"们不知糟蹋了多少粮食，想想就令人生气！这时候，它们正收集过冬的粮食，并将其储存在地下粮仓，以备不时之需。

① 野兽们并不比捕捉偷粮贼的猛禽们逊色，狐狸在麦田里猎捕鼠类，草原鸡貂在消灭一些啮齿类动物。它们忙得不亦乐乎，真是帮了农民的大忙。

❶叙述
渲染出麦田中野兽们捕捉偷粮贼的氛围。

## 来自阿尔泰山的消息

低洼的盆地不仅闷热而且潮湿。清晨，露水在阳光的照耀下，不多时就蒸发了。到了晚上，草地上空弥漫着一层浓浓的雾气，当水汽上升后，山坡会变得异常潮湿。水汽遇冷之后，便凝结成朵朵白云，一直在山顶上空飘荡。

这些水蒸气在太阳的作用下，会凝结成水滴，接着就会乌云密布，不多时就下起雨来了。

读书笔记

山上的积雪渐渐融化了。可是在那些高高的峰顶上，大片的冰原、冰河却丝毫不受影响，即使是中午最强烈的阳光，也不能动它分毫。那里异常寒冷，积雪常年都不会融化。

山顶之下却是另一番景象：雪水汇成条条小溪，从山坡飞奔直下，形成长长的瀑流，一直流到江河里去。这个时候，河水便会暴涨，水涌出河岸，水灾便不可避免地发生了。

② 山上的景象各有不同：山脚是大片茂密的森林；往上是肥沃的高山草场；再往上是苔藓和地衣的天堂，看上去很像那遥远的、寒冷的苔原；山顶更是与众不同，变成了可以和北极媲美的冰雪世界，永远高傲、孤冷。

❷景物描写
通过从山脚到山顶的空间位置的变化，描写了山上不同地方的美景，表达了作者对美景的喜爱之情。

在山顶根本寻不到飞禽和野兽的踪迹，只偶尔会有雕和兀鹰到这里搜寻猎物。山顶之下却是另一番景象，各种动物活跃在各自的天地，玩耍、觅食，就像群居在多层住宅楼似的，它们选择适合自己的居所，在那里乐享生活。

在住所的最高层，虽然只有光秃秃的岩石，雄野山羊却住在那里。雌野山羊和小野山羊住在下面那一层，与它们同住的还有山鹑，个头与雌火鸡不相上下。

**❶外貌描写**
形象地描绘出羱羊的可爱，表达了作者对羱羊的喜爱之情。

①在高山草场上居住的是羱羊，这里的草是羱羊最爱吃的食物。它们长着直直的尖角，样子很可爱。还有羱羊的劲敌——雪豹，它们是为了猎食而跟到这里来的。另外，这里还群居着硕壮的旱獭和大量鸣禽。接着往下走，就是松鸡、雷鸟、鹿、熊等动物的居住地了，这里是广袤的森林。

以前，人们种植作物的范围只在盆地里，而今，一切正在悄悄地发生变化，生产活动被不断地延伸到山上来。用来拉犁耕作的不再是马，而是生长在高山上的牦牛。我们投入了大量的精力在这方面的研究上，相信一定会取得成功！

## 来自乌苏里大森林的信息

我们这里与西伯利亚的大森林和热带雨林都不相同。这里的森林有枫树、落叶松、云杉，还有众多浑身带刺的葎草和野葡萄藤等的阔叶树。

**❷举例说明**
说明在森林里生活着很多动物。

②还有很多的动物，如驯鹿、印度羚、普通棕熊、西藏黑熊、黑兔、猞猁、老虎、豹子和灰狼等都生活在这里。

鸟的种类也非常多，有素净可爱的松鸡、颜色鲜艳的野鸡、苏联灰雁、中国白雁、普通的野鸭、生活在树上的鸳鸯和白鹮等。

白天，阳光被宽大的树冠遮得严严实实，一点儿光线也休想进来。远远看去，树冠就像是一顶绿色的大帐篷。森林里也是漆黑一片。

<sup>①</sup>此时，森林里的鸟儿们都在忙碌着，有孵卵的，有哺育幼鸟的……各种小野兽们也都渐渐长大了，它们正在努力学习本领呢。

## 来自海洋的消息

我们伟大的祖国与世界三个大洋相邻，西邻大西洋，北邻北冰洋，东邻太平洋。

我们要去大西洋，可以从列宁格勒乘船起航，穿过芬兰湾，横渡波罗的海。在那里有英国、丹麦、瑞典、挪威等众多国家的商船、邮船，还有随处可见的捕捞鲱鱼和鳘鱼的渔船。

我们沿着航海家们开辟的欧亚两洲的航海线北上，就可以从大西洋来到北冰洋。这里到处是坚冰，在这里航行随时都有丧命的危险。但这是我们的领海范围。以前，人们认为这条航线根本无法打通。现在，航线被开辟出来了，船只可以在破冰船开路的前提下，沿着这条航线顺利航行了。

在这里，我们见证了许多的奇迹。我们遭遇了大西洋的赤道暖流，又遇到了漂浮的冰山。<sup>②</sup>冰山反射太阳的光芒，刺得我们的眼睛都睁不开。这里居住的人很少，我们在这里玩得很开心，捉到了许多的鲨鱼和可爱的海星。

再朝前走，这股暖流又折向北方，向着北极的方向缓缓流去。此时，大片的冰原进入我们的眼帘，它们在水面上缓缓地漂移着。飞机在上空勘察航行的道路，随时报告冰原阻挡航行的情况。

在这里，我们看到了数不清的大雁，此时它们正在换毛，

**❶举例说明**
说明居住在森林里的鸟儿们的忙碌。

**❷叙述**
从侧面说明海洋非常有趣。

身体都十分虚弱。翅膀上的翎毛都脱落干净了,它们根本就飞不起来。人们只要把它们围住,就可以轻松地将它们赶进网中。我们还看到了一些长着獠牙的海象趴在浮冰上休息,它们从水里钻出来,是如此的舒服惬意。还有各种长相奇特的海豹。① 其中有一种冠海豹,它头上长着一个可爱的皮囊,只要它愿意,马上就可以将皮囊吹鼓,就像戴了一顶头盔,可爱极了!

我们还看到了许多动作敏捷、喜欢猎食海豹及鲸鱼的虎鲸,它们满口尖牙,看起来凶巴巴的。

至于鲸鱼的话题,我们要等到了太平洋才可以细说,因为那里的鲸鱼种类更多,更值得我们研究。

这次的全国无线电大呼叫行动先到此为止,下次再见!

**❶比喻**
生动地表现出冠海豹们的可爱。

*读书笔记*

# 打靶场

## 第四场竞赛

1. 从日历上找出夏天开始于哪一天,这一天有什么特点?

2. 哪种鱼会筑巢?

3. 哪种小动物会在草丛和灌木丛里做窝?

4. 哪种鸟儿不会筑巢,直接把卵产在沙地上和土坑里?

5. 在沙地土坑里的鸟蛋的颜色是什么样的?

6. 蝌蚪是先长出前腿呢,还是先长出后腿?

7. 普通刺鱼身上一共有几根刺?分别长在什么位置?

8. 从外观上观察,家燕(尾巴像剪刀)和金腰燕(短尾)筑的巢有什么不同?

9. 不能用手去掏鸟窝里的蛋的原因是什么?

10. 晚上,你到林子里捉一只雌萤火虫,把它罩在玻璃杯里,它发出的亮光可以把雄萤火虫引来,这时观察一下雄萤火虫,它们到底有没有翅膀呢?

11. 将鱼刺铺在窝里当垫子的是哪种鸟?

12. 为什么燕雀、金翅雀和篱莺等鸟儿在树枝上做的窝不容易被人们发现呢?

13. 在夏天,是不是所有鸟儿都只孵一次卵呢?

14. 这里有没有以捕食生物为生的植物呢?

15. 在水下用空气建造自己房子的是什么动物?

16. 在自己的孩子出生前,就把它们交给别人抚养的是什么动物?

精华赏析

本章写夏天到了,繁殖的季节也来了。小动物们为了繁衍后代都忙着建造自己的小屋,也因为房子发生了不少的故事。

延伸思考

1. 哪个动物的窝巢是最小的?

2. 谁被称为最凶残的猫科动物?

3. 蝼蛄长了几条腿?

相关链接

币鸟大约有二十二种，是一类头颈短、尾巴也短的小鸟。币鸟经常在树干和岩石中寻找食物，它们主要吃虫类，有的也食植物的种子，还会储存食物以便过冬。它们是群居动物，叫声像金属的摩擦声，带有鼻音。它们的窝筑在洞中，外面覆盖草或其他植物。

# 雏鸟出壳月

名师导读

　　在炎热的夏天，食物丰富，动物们不为食物犯愁，动物妈妈能带动物宝宝们出去安心地吃、喝、玩儿。让我们一起看看动物妈妈是怎么带动物宝宝的。

## 太阳诗篇——7月

　　每年的7月是最热的时候。太阳有着充沛的精力不知疲倦地下达着命令。① 它要让稞麦向大地深深地鞠躬；它让燕麦穿上长衣，不让荞麦穿衬衫。

　　这些绿色植物通过吸收阳光，身子也越发强壮了。不久，稞麦和小麦成熟了，大片的田地变成了金色的海洋。大家都在兴奋地忙碌着。人们将这些粮食储存起来，够一年食用。人们也会为牲口准备好食粮。成片的稻草被割倒、捆绑、收集，堆成了小山。

　　鸟儿们都安静了下来，它们现在已经顾不上唱歌了，因为每个鸟窝里都有了鸟宝宝。这些小鸟刚孵出来，身上没有毛，全身赤裸裸的，眼睛根本睁不开，正是需要父母照顾的时候。

❶拟人

　　把稞麦、燕麦、荞麦拟人化，更富有感情色彩，生动地描写出太阳炙烤大地的景象。

现在这个时节，无论是地上、水中还是森林里，到处都有鸟儿的吃食，因此它们完全不用为吃食操心。

森林里有许多的果子，如草莓、黑莓、覆盆子、醋栗等，应有尽有，不仅味道鲜美，而且模样诱人。①野菊的花瓣反射着太阳的光芒，为草场增添了不一样的色彩，好像给草场穿了一件缀满鲜花的衣裳，美丽极了！太阳是植物最好的伙伴，但最好不要和它开玩笑，因为它会给你毁灭性的打击。

**❶景物描写**
写出了野菊花给农场增添了鲜艳的色彩，带来了更多的生气。

# 森林里的小伙伴

## 哪家才是大家庭

有一位年轻的驼鹿妈妈，生活在罗蒙诺索夫城外的大森林里，今年，它只生下了一只驼鹿宝宝。

还有一只白尾雕也生活在这片森林里，在它的窝里面有两只小白尾雕。

黄雀、燕雀和黄鹂，分别孵出了五只小宝宝。

歪脖鸟孵出了八只小宝宝。

长尾山雀则孵出了十二只小鸟。

灰山鹑孵出了二十只小鸟。

刺鱼能孵出一百多条小鱼，只要有卵的存在，小鱼都能够顺利成活。

②一条鳊鱼可以孵出好几十万条小鱼，真的让人难以相信。

关于鳌鱼呢，它的孩子就更多了，它每次大约可以孵出几百万条小鱼，真令人惊叹！

**❷列数字**
说明鳊鱼孵化的小鱼的数量很多，多得让人不敢相信。

📖读书笔记

## 用心的好妈妈

驼鹿妈妈和所有的鸟妈妈们一样，对孩子认真负责，无时无刻不在用心地照顾自己的孩子。

①当孩子遭遇了危险，驼鹿妈妈会第一个冲上前去，保护自己的孩子，甚至愿意牺牲自己的生命。即使遇到熊的攻击，它也会勇敢地应战，前后蹄并用，乱踢乱蹬，让熊吃尽苦头。遇到这种情况，熊也会退避三舍，不敢轻易冒犯。

有一次，在从森林去田野的路上，有一只小山鹑从通讯员的脚边跳出来，被我们发现后，它又迅速躲在草丛里。

通讯员们捉到了小山鹑，它就啾啾地大叫起来。此时，山鹑妈妈匆匆赶来，看着自己的孩子面临危险，就咯咯地叫着扑过来，摔倒在了地上，翅膀耷拉着。

大家都以为山鹑妈妈肯定受伤了，就立刻丢掉小山鹑，高兴地跑过去捉那又大又肥的山鹑妈妈。

②山鹑妈妈在地上一瘸一拐地走着，正当我们一伸手就可以捉住它的时候，它立刻灵巧地闪向一边。森林通讯员一路又喊又追，忽然，山鹑妈妈将翅膀一抖，迅速从地上飞起来，出人意料地飞走了。

当通讯员们丧气地回来找寻小山鹑的时候，发现小山鹑早就不见了，这才反应过来，山鹑妈妈是用了调虎离山计，救走了自己的宝宝。它故意装出受伤的样子，目的就是吸引通讯员们的注意，给小山鹑创造逃跑的机会。山鹑妈妈只有二十只宝宝，它是不会让自己的宝宝受到伤害的。

## 鸢和沙锥的孩子长什么样

刚出生的幼鸢嘴上有个白色的小疙瘩，叫"破壳齿"，它就是用这个"破壳齿"将卵壳啄破，然后从里面钻出来的。

幼鸢长大后会是一种很凶猛的禽类，所有的啮齿类动物都特别地怕它。

**❶行为描写**
说明了驼鹿妈妈非常爱它的孩子。

**❷动作描写**
形象地描绘出山鹑妈妈的聪明以及动作敏捷。

81

❶外貌描写
体现出幼鹭柔弱、娇小的特点，它们需要被保护。

[1]现在的鹭还特别的小，浑身毛茸茸的，就连眼睛都还没睁开呢！

幼鹭还不能独立生活，它们那么柔弱、娇小，根本离不开爸爸妈妈的照顾。如果没有爸爸妈妈捕食喂养，它们就无法成活。

有一些刚出生的鸟宝宝，从卵壳里爬出来，就能站得稳稳当当的，而且自己去找东西吃了。它们生存能力特别强，也特别聪明，见到敌人还会找地方躲起来呢！

你们看！两只刚出生一天的小沙锥，已经可以自己找蚯蚓吃了。

沙锥的蛋之所以那么大，就是因为这样才能让小沙锥长得足够强壮。

还有前面讲的小山鹑，它也是个小勇士。它一出生，就可以开腿跑起来了。

另外，小野鸭、秋沙鸭也是这样。

❷动作描写
说明小秋沙鸭非常厉害。

[2]小秋沙鸭刚出生就一摇一晃地走路了，它走到河边，扑通一声，跳进水里，游泳的技术甚至可以同大秋沙鸭相媲美。潜水也难不倒它，它还可以在水面上自由伸懒腰，各种动作都难不倒它。

旋木雀的孩子就很虚弱，它需要待上整整两个星期的时间才可以出来。现在，它只能在一个树桩上休息，慵懒地待在窝里，好好地养精蓄锐。

看，它正噘着小嘴儿等待妈妈呢！

它虽然已经出生将近三个星期了，但是仍然不能自己捕食。它每天叽叽喳喳地叫着，等着妈妈带来好吃的食物。

## 海鸥的领地

海鸥的家就建在一个边远岛的沙滩上，这里的多幢"别墅"是它们避暑的居所。

到了晚上，海鸥们就会飞回沙坑，在里面舒服地睡觉。在那里，一个小沙坑可以容纳三只海鸥。小沙坑遍布沙滩的每一个角落，所以到处都可以看到海鸥们的身影。

①白天，小海鸥们学习如何飞行、怎样游泳，还要在大海鸥的带领下学习捉鱼的方法。大海鸥不仅要教孩子们本领，还要做好防卫工作，以保证孩子们的安全。

**❶叙述**··············
说明小海鸥要学的东西有很多。

只要有敌人靠近，大海鸥们就会一起冲上去，气势凶猛地扑向敌人。那样子，谁能不害怕呀！就连厉害的白尾雕见了，也要躲得远远的。

# 林中纪事

## 凶狠的幼鸟

瘦弱的鹈鸰妈妈这次孵出了六只小雏鸟。其中有五只都长得挺正常，另外一只却是个丑八怪：②大大的脑袋，粗糙的皮肤，身上青筋毕现，耷拉的眼皮，鼓鼓的眼睛，还有那张可怕的嘴巴，只要一张开，人们就会吓得倒退三步。这哪是小鸟娇小的嘴巴呀，简直就是猛兽的血盆大口啊！

**❷外貌描写**··········
生动地描绘出小鹈鸰的长相吓人。

第一天，它还能安稳地待在窝里。当鹈鸰妈妈带着食物回来的时候，它会抬起自己笨重的大脑袋，张开巨大的嘴巴，仿佛在说："我饿了，我要吃饭。"

第二天天刚亮，鹈鸰夫妇就顶着凉凉的晨风出去给孩子们寻找食物了。这时候，丑八怪就开始不老实了！它把头低下，触到巢的底部，尽量让自己站稳，然后两腿叉开往后退。

**❶动作描写** .........

这只鹈鹕不仅长相丑，而且性格也差。

①当它感觉到屁股顶到一个小兄弟后，就慢慢将身子蹲下去，一个劲儿地往兄弟的身下挤。接着，它用翅膀使劲夹住小兄弟，将小兄弟扛在自己的肩上，不停地往后退，一直退到鸟巢的边缘。

这个小兄弟，身子又弱，个头儿又小，就连眼睛都还没有睁开，只能任由丑八怪胡乱折腾，毫无办法。小兄弟的身子就好像掉进了汤勺之中，自己再怎么费劲挣扎，都无济于事。丑八怪将小兄弟的身子抬到与巢同高才停下来。

这时，丑八怪将屁股用劲一撅，这个可怜的小兄弟就被抛出巢穴之外了。

这只鸟实在太可恶了，鹈鹕可是将家安在了悬崖上呀！

只听"啪"的一声，可怜的小兄弟就这样一命呜呼了。

这个可恨的丑八怪依然站在窝里，身子只在窝边摇晃了一会儿，就回到安全的地带了。可怜那个苦命的小兄弟，还没有睁眼看看这个美丽的世界，就被残害了。

这次行动，丑八怪只用了不到三分钟的时间。

但是这次行动也消耗了不少的体力，现在，它只能待在窝里一动不动了。

**❷动作描写** .........

小丑鹈鹕不仅对残害自己的兄弟毫无愧疚之心，还不知廉耻地争着吃食，实在可恶至极。

②这时候，鹈鹕夫妇飞回来了。丑八怪就好像什么也没有发生一样，抬起那沉重的大脑袋，直接凑上前去，伸长脖子，向鹈鹕夫妇要食物吃。它耷拉着沉重的眼皮，张着那张血盆大口，大声叫嚷着，争着要吃美味的食物。

丑八怪吃饱喝足后，它又蠢蠢欲动了，将目标锁定到另一位兄弟身上。

丑八怪故计重施，可是这次不是那么顺利，小兄弟挣扎着、反抗着，一次次摆脱了丑八怪的魔爪。但丑八怪又怎么可能轻易认输呢!

经过五天的努力,丑八怪取得了最终的胜利,它的兄弟们都被它扔到窝外摔死了,只剩下它自己了。

经过十二天的时间,丑八怪稍大一些了,这时候,它的庐山真面目才显现出来,它其实是一只小杜鹃。鹡鸰夫妇不辞辛劳养育的孩子,却是杀害自己孩子的凶手,它们真是太可怜了!

①即使这样,瘦弱的鹡鸰夫妇也不忍心将小杜鹃丢下,仍然每天出去寻找食物供它享用,自己却舍不得吃,它们是多么疼爱这只小杜鹃呀!杜鹃颤颤巍巍地抖动着翅膀,张着那张可怜巴巴的嘴巴,像极了它们死去的孩子。哎,它们是不会伤害小杜鹃的。

❶叙述⋯⋯⋯⋯
说明鹡鸰夫妇非常有爱心。

鹡鸰夫妇每天都特别辛苦,从早到晚忙个不停,即使找到食物自己也舍不得吃,却给这只小杜鹃享用。只要一找到肥硕的青虫,它们就想方设法将食物塞进小杜鹃大大的嘴巴里。

鹡鸰夫妇每天不辞辛劳,直到秋天到来,才把小杜鹃喂养长大。②可是这时,杜鹃却悄无声息地飞走了,离开了养育它的鹡鸰夫妇,从此再也没有回来过。

❷动作描写⋯⋯⋯
写出了小杜鹃的无情。

## 好吃的浆果

果园里到处是一片繁忙的景象。人们都在园子里忙着采摘果子呢!覆盆子、茶藨子、醋栗等各种浆果都熟透了,颜色非常鲜艳,简直太诱人了!

林子里还有一些野生的覆盆子。它们的茎很脆,只要轻轻地从它们跟前走过,这些脆弱的茎条就会被碰折,发出一阵噼噼啪啪的响声。即使这样,也并不妨碍浆果的生长。因为茎条的寿命很短暂,只能存活到秋末冬初。可是,你看那些鲜嫩的、毛茸茸的、浑身都是细刺的枝条已经从它们的根部冒出，到了明年夏天，它们就又会开花、结果了。

还有一种果子——越橘，它生长在灌木丛、草丛旁，颜色已经开始变红，马上就可以采摘了。

越橘的果实长在枝条的最顶端，一簇一簇的，可爱极了！<u>①有几棵越橘，结的果子非常多，枝条被果实压弯了腰，眼看就要垂到地上了。</u>

**❶拟人**⋯⋯⋯⋯⋯

"眼看就要垂到地上了"说明了越橘结的果子非常多。

见到这些可爱的小灌木，我真想去挖一棵，将它移植到家中。我想：如果我精心地将它培育一番，果子肯定会更硕大些吧？但是，条件一定得适合才行，否则是不会成功的。越橘是一种很有意思的植物，它的果实被摘下后，可以保存一整个冬天。人在食用之前，只要用开水冲泡即可，也可以将它捣碎制成一种好喝的饮料。快来试试吧！

越橘体内有少量的苯甲酸，它对防止浆果腐烂有很好的效果，这就是越橘可以长久保鲜的原因所在。

发自尼·巴甫洛娃

## 兔儿子与它的猫妈妈

春天，我们家的母猫产下了几只可爱的小猫咪。它们特别招人喜爱，但都被陆续领养走了。一次，我和伙伴们去森林玩的时候，捉到了一只活泼可爱的小兔子。

小兔子被我们放到了猫妈妈的身边。因为猫妈妈的奶水很充足，所以它也愿意喂养这只小兔子。

**❷叙述**⋯⋯⋯⋯⋯

说明小兔子和猫妈妈彼此都产生了深厚的感情。

<u>②小兔子每天都与猫妈妈待在一起，它们相处得很融洽，就连睡觉也不分开。</u>它就这样在猫妈妈的怀里一天天地长大了。

更有意思的是，小兔子学会了怎样跟狗打架。只要发现有狗跑到家里捣乱，猫妈妈就马上扑上去跟它打起来，用爪子乱

抓乱挠，将狗吓跑。小兔子也会模仿猫妈妈，不停地追打着狗。

①它抬起两只前腿用劲猛打狗的身体，打得狗毛满天飞。从此以后，再也没有狗来招惹我们家的猫和兔了。

## 一场骗局

一只大鸳发现了带崽子的琴鸡，那一群黄绒绒的小琴鸡简直太诱人了。

它心里打起小算盘：呵呵，我终于可以饱餐一顿了！

正当它瞄准猎物，正要俯冲下去的时候，却被琴鸡妈妈发觉了。

琴鸡妈妈看见后，只是一声鸣叫，所有的小琴鸡马上都不见了。大鸳呆呆地在那儿东张西望，却一只也没有找到，小琴鸡似乎会隐身一样，消失得无影无踪了。大鸳只好愤愤地离开，去别处寻食了。

这时，琴鸡妈妈又叫了一声，小琴鸡们听到叫声，马上就又出现在它的身边了。

小琴鸡们竟然哪儿也没有去，只是躺到了地上罢了。小琴鸡们将身子紧贴着地面，尽量不露痕迹，从高空往下看，它们与树叶、青草、土块融为了一体！

## 杀生的花儿

一只蚊子飞累了，就想在林间的沼泽地上找个地方落脚，休息休息，然后再喝些东西。②它找到了一朵花儿：绿色的花茎，一只白色的小钟儿在茎上挂着，圆叶子就在它的下面，紫红色的叶子围在茎的四周。细细的茸毛生长在圆圆的叶子上，晶莹的露珠在上面打着滚儿。

这只蚊子被深深吸引了，它落在了叶子上面，正想伸嘴去

❶ **动作描写**
生动形象地描写出小兔子打架时的可爱。

✒ **读书笔记**

❷ **景物描写**
描写了整朵花儿的花叶的构造以及颜色，生动表现了花儿的美丽，为下文蚊子被花儿吃掉做铺垫。

吸露珠儿的时候，却被黏糊糊的露珠儿给牢牢地粘住了。

**❶拟人**

生动地描写了花儿捉蚊子的场景。

① 这时候，那细细的茸毛竟然动起来了，它就像一只手，将蚊子紧紧地捉住了。同时，小圆叶子也合拢了，把蚊子裹在了里面。

过了一会儿，叶子又重新打开，可是那只不幸的蚊子只留下了一具空壳，它的血肉都被花儿吸光了。

这种可怕的花儿叫毛毡苔，小虫儿是它最喜欢的捕食对象。

## 喜欢水来冲

景天是我十分喜欢的植物。它灰绿色的叶子很肥厚，鼓鼓的，密密麻麻地生长在茎上，把茎遮得严严实实，让人无法看到茎。景天的花就像一个五角小星星，非常漂亮。

**❷外貌描写**

描写了景天的果子的形状以及紧紧闭合的状态。

② 景天的花慢慢地凋谢了，五角小星星形状的果实长了出来，扁扁的，紧紧地闭合着。即使成熟的果子也是这样紧紧地闭合着，像一个害羞的小姑娘。

我有办法能让景天的果实张开，只需要一些水就能做到，而且只要一滴就足够了。直接将水滴在小五角星中间的位置上，你就会发现，果壳慢慢地张开了，种子露出来了。景天的种子与其他植物的种子不同，它特别喜欢水的冲击。景天就是靠水来传播种子的，只要滴上两滴水之后，种子就会顺着水落下来，然后将这些种子传播到其他地方。

长在岩石缝里的景天就是利用这样的方法被雨水冲刷到这里，顽强地生长出来的。

发自尼·巴甫洛娃

## 学游泳的小矶凫

一次，我去洗澡的时候，发现一大一小两只矶凫在湖里游泳，我便走过去看起来。可真有意思，大矶凫在教小矶凫如何潜水呢！①大矶凫就像一只小船漂浮在水面上，小矶凫则钻进水里学习潜水，刚刚钻进水里，大矶凫就马上游过去，看小矶凫是否有危险。那一幕，真是十分温馨哪！不一会儿，我就在芦苇丛旁发现了它们的踪影，它们朝芦苇丛里游去了。这时，我才开始安心地洗澡。

发自驻森林通讯员　谢辽沙·波波夫

**① 动作描写**
说明大矶凫对小矶凫的爱。

## 夏末的铃兰

（选自少年自然科学爱好者的日记）

8 月 5 日

小溪的旁边就是我家的花园，里面种着美丽的铃兰花。科学家林奈为它取了个好听的名字，叫"山谷百合"。铃兰花是我最喜欢的一种花。②它的花朵就像一个个精巧的小铃铛，如碧玉一般无瑕；那碧绿碧绿的茎，是那么富有弹性；叶子长长的，给人清凉的感觉；花香袭人，香味缭绕！我真的太喜欢这种高雅的植物了！

清晨，我穿过小溪，去采摘一些铃兰回来，将它们插在花瓶里面，小木屋里顿时花香四溢，淡淡的香味一整天都不会消散。在这个地区，铃兰花在每年的 7 月份开放。

虽然已是夏末了，美丽的铃兰花还是给我带来了很大的惊喜。

一次，我在铃兰的叶子下面发现了一个红红的小东西。我凑近仔细观察，发现那尖而宽大的叶子下面，竟然有一些红红的圆形果子，异常漂亮，都可以与花朵相媲美了！我要把这些小果子做成漂亮的耳环，送给我亲爱的朋友们。这是一件多么让人高兴的事啊！

发自驻森林通讯员　维利卡

**② 景物描写**
通过对铃兰花的花朵、茎、叶、香气的生动描写，表达了作者对铃兰花的喜爱之情。

### 爱护森林

森林最害怕的是打雷，因为好多火灾就发生在这个时刻。尤其是枯死的树木，在雷雨天是最大的安全隐患，稍有不慎就会造成不可预想的后果。还有很多人为的因素需要注意，因为灾难就发生在不经意间。

**❶拟人**
说明了火灾很难控制。

① 火苗就像一个顽皮的孩子，跟人们玩着捉迷藏的游戏，一会儿在这儿玩耍，一会又与其他的玩伴一起逃窜到别的枝干中，让人抓狂，又毫无办法……

如果发生了危险的情况，人们要做到镇定，不然，后果是非常严重的！ 一定要赶紧行动起来，一起灭火，保护森林！绝对不可以坐视不管。

如果条件允许，可以就地取材，用铁锹、木棍等挖土、铲泥，混上稻草等把火扑灭。

如果火势较大，个体不能解决，就必须马上报警，以便及早得到支援。不然，情况将很难控制，一场森林浩劫将会上演。② 赶紧行动起来，保护森林，人人有责。

**❷叙述**
在火灾面前一个人的能力有限，所以作者号召大家一起来保护森林。

# 农场生活

在这丰收的时节，黑麦田和小麦田一望无际，就像是一片浩瀚无边的海洋。麦穗长得饱满、壮实，麦秆坚强、挺拔，这是人们辛苦付出的成果。麦粒被收下来之后，便会汇成金色的洪流，让人产生无限的遐想。麦粒还将会被国家和农场的粮仓所收存呢！

亚麻成熟了，人们又开始忙个不停。看！他们正在收割亚麻呢！机器的用处可真大呀。它真是既快又准！妇女们跟在后面忙个不停，捆亚麻、把亚麻堆成垛，干得热火朝天。

① 一眨眼的工夫，地里都被亚麻堆满了，这些亚麻就像一个个站岗的士兵一样。

山鹑迫不得已，只好带着自己的家人离开了黑麦田，搬到春播的田地里安家了。

黑麦在收割机的轰鸣声中倒下了，人们将它们捆起来堆成垛。这些垛就像运动员一样，等候着领导的检阅。一片片的黑麦在人们的双手下变得服服帖帖的，人们脸上露出了灿烂的笑容。

菜园里一片热闹的景象，胡萝卜、甜菜，还有其他很多蔬菜，你不让我，我不让你，都急着成熟以供人们享用。② 这不，城里人们的餐桌上，可是少不了它们的身影，有脆生生的黄瓜、香甜的红菜汤，还有胡萝卜馅的馅饼等，真是应有尽有。

小孩子们也是忙个不停。你瞧！农场的树林里充满了他们的欢声笑语。他们在林子里采蘑菇、摘覆盆子和越橘。他们最喜欢的要数摘榛子了，只要有榛子林，就可以看到他们的身影，谁也赶不走他们。看！满满的一口袋榛子，这是他们最大的收获。

大人们可没有时间摘榛子，他们这时正争分夺秒地忙着收庄稼、打亚麻呢！他们总有忙不完的农活，这不，犁完地就该种秋季作物了，这可是最关键的时刻，丝毫都不能怠慢。

## 植树造林活动

因为战乱，我国的许多森林都被毁掉了。现在，人们为了恢复森林的原貌，做了很多的努力，大家都在大力地植树造林。尤其是我国各地的中学生们，他们做出了突出的贡献。

③ 为了能够重新造一片松林，这些孩子们收集了约 7.5 吨的松子提供给我们。他们还自发帮忙照看小树苗，守护树林，

❶比喻
说明妇女们把亚麻绑得很牢固，表现了妇女们的手巧。

❷排比
城里人饭桌上的菜很丰富，说明了菜园大丰收。

读书笔记

❸数字说明
"7.5吨"，说明了孩子们很努力地收集松子，在积极地为植树造林贡献自己的力量。

给它们浇水、翻土，呵护它们，使其苗壮成长。

发自驻森林通讯员　查列夫

# 农场纪事

"红星"农场的麦子也快要成熟了，人们兴高采烈地等待着收割的信息。麦穗们好像知道了人们的心思，仿佛在说："我们会好好照顾自己的，你们不要再担心了，不用一天天地焦急度日，马上我们就要成熟了！"

❶语言描写

人们因为麦子快要成熟了，心里既高兴又担心。

①人们好像听懂了似的，高兴得笑起来："这怎么行呢？不到田里我们更不放心！现在是我们最重要的时刻啊！"

终于盼到了收割的时候。收割机来到了田里，它真是人们的好帮手啊！收割、脱粒、簸扬，它样样精通。只要它经过的地方，黑麦就会齐刷刷地倒下，最后只剩下短短的麦茬。麦粒也从联合收割机里出来了，人们只要将它们装进麻袋里，然后运回家就可以了。

✒读书笔记

## 变黄了的田地

通讯员又来到"红旗"农场了解情况。他们发现两块不同的马铃薯田，其中一块的颜色呈深绿色，另一块却是一片枯黄，好像马上就要枯死了似的。这到底是怎么回事呢？

后来，他们发回了这样一条信息：就在昨天，有一只公鸡来到马铃薯地里，将地里的土刨开，并领来了几只母鸡，与它们一起分享新鲜的马铃薯。农妇看到这只公鸡的行为，不由得开怀大笑：②"都快来看呀！就连公鸡都要争抢我们的马铃薯了。是谁走漏了消息，将我明天要收获马铃薯的事说出去了呢？"

❷语言描写

可见丰收让农妇非常喜悦。

哦，情况竟然是这样，只要马铃薯的茎叶枯黄，就表明它们已经成熟了。这两块土地里的马铃薯不一样的原因，就是它们的品种不同。它们成熟的时间也就不一样，一种是早熟品种，一种是晚熟品种，所以才会出现这样的差异。

## 林中短讯

白蘑从土里钻了出来，这可是农场的第一朵花，胖嘟嘟的，十分漂亮。

在它的帽子顶部有个小坑儿，四周的穗子湿乎乎的，上面沾有松针。白蘑周围的泥土拱了起来，拨开这些泥土，就可以发现里面大小不一的白蘑兄弟。

读书笔记

# 打靶场

## 第五场竞赛

1. 鸟儿什么时候长牙齿？

2. 是有尾巴的牛能经常吃得饱饱的呢，还是没有尾巴的牛能经常吃得饱饱的呢？

3. 人们称某种蜘蛛为"割草蛛"的原因是什么？

4. 猛兽和猛禽们在一年四季中，哪个季节吃得最饱呢？

5. 哪种动物能出生两次，死亡一次呢？

6. 哪种动物出生三次才能成年？

7. 哪种小鸟就连自己的妈妈都不认识呢？

8. 怎样根据喙的形状，区分年长的和年幼的秃鼻乌鸦呢？

9. 哪种鱼会在自己的孩子长大以前，一直照顾它们呢？

10. 蜜蜂把人蜇了以后，会出现怎样的结果？

11. 刚出生的蝙蝠会吃什么呢？

12. 中午的时候，向日葵的花会朝向哪边？

精华赏析

　　本章写的是七月夏季最热的时候，花草树木长得最旺盛。在这个时候，各种各样的动物宝宝们开始活跃，动物妈妈们都忙着照顾自己的宝宝。

延伸思考

1.什么鱼可以孵出一百多条小鱼？

2.哪种花儿要捕食小虫子？

3.景天的果子是什么形状的？

相关链接

　　鵟是鹰科鵟属二十八种猛禽的通称。体色变化比较大，上体主要为暗褐色，下体为暗褐色或淡褐色，具深棕色横斑或纵纹，尾羽为淡灰褐色，具有多道暗色横斑，飞翔时两翼宽阔，微向上举成"V"字形。以各种鼠类为食，也吃蛙、蜥蜴、蛇、野兔、小鸟和大型昆虫等。

# 一起飞翔月

名师导读

夏季接近尾声了，花草树木已经长得非常茂盛，动物宝宝们也渐渐长大，慢慢学会了飞翔、蹦跑、捕食。

## 太阳的诗篇——8 月

8 月——一个令人欣喜的月份。迅疾的闪电划过夜空，把整个森林照得通亮，却又转瞬即逝。

① 草地兴奋地换上了最漂亮的衣服，变得更加生机盎然。无数的鲜花争奇斗艳，有浅蓝的、淡紫的、粉红的，漂亮极了！阳光逐渐变得温和，不再炙烤着大地，小草们都享受着惬意、温暖的阳光，舒适地生活着。

不同种类的蔬菜和水果马上就要成熟了，晚熟的浆果也赶来凑热闹，沼泽地里的蔓越橘和树上的山梨等也要成熟了。

蘑菇与它们不同，它最怕阳光。这不，它自己躲起来，独享阴凉了，真是一个孤僻的家伙！

树木也都停止了生长。

**❶排比**

说明花儿开得很旺盛。

📝 读书笔记

95

# 林中新规则

树林里，孩子们都已经长大，即将走出家门，去了解外面的世界，它们对一切都充满了好奇。

鸟儿们每个家庭住的地方比较固定，现在能与孩子们在树林的上空一起飞翔，是它们最快乐的事。

森林里的邻居们经常相互串门。

猛兽和猛禽们也开始活动起来，猎物很多，只要自己动起来，它们就有享不尽的美食。

貂、黄鼠狼和白鼬是最会捕食小动物的。它们的活动范围很广，不管在哪儿，都会收获很多新鲜的猎物：如刚出家门的小鸟、粗心的小兔、冒失的小老鼠等。

鸣禽总是集体行动，飞翔于灌木和乔木之间。但它们有自己的规矩。这些规矩如下：

## 大家为我，我为大家

**❶叙述**

表现了小动物们生活中的相互照应。

在集体中，大家都是互相照应的。①谁首先发现了敌情，在离开前一定要先通知大家，或尖叫一声，或打一个招呼，告知敌情，这样大家才可以顺利逃生。如果有同伴遇到了危险，它们就要一起对敌人进行攻击，将敌人吓跑。

在集体中，大家一起预防和打压来犯者，齐心合力，共同御敌，时刻保持警戒状态，随时痛击敌人。这样的队伍，成员越多越安全。

**❷排比**

雏鸟们为融入集体的活动，很多东西都是需要跟着前辈去学习、模仿，说明了雏鸟们很辛苦。

当然，对于新加入的成员也有严格的要求。它们必须遵守规矩：雏鸟们要学习前辈们的行动模式、生活方式。②前辈们做什么，它们都要去效仿，如啄食、逃跑或抬起头来纹丝不动等，它们都需要——学习，才可以融入集体。

## 会"飞"的蜘蛛

像蜘蛛这样的小动物，它是怎样"飞"起来的呢？

那就让我们一起来观察，用心发现吧！快来！我们一起来一探究竟。

原来，小蜘蛛利用一根细细的蛛丝将自己牢固地挂在灌木上，避免掉下来。每当微风拂过，蛛丝就会随风舞动。蛛丝既坚韧又结实，和蚕丝非常像。

小蜘蛛在做起"飞"前的准备：它首先站在地面上，细细的蛛丝连接着地面与树枝；然后，它开始不停地吐出蛛丝，将自己严严实实地包裹起来，即使笨重得像个蚕茧，它仍然不停地吐丝。

此时，蛛丝越来越长，风越来越有力。

小蜘蛛用脚将地面紧紧地抓牢。

好了，开始行动！小蜘蛛顺着风向跑过去，咬断了长长的蛛丝。

这时，在风的吹动下，小蜘蛛顺利地"飞"离了地面，渐渐地"飞"高、"飞"远。

小蜘蛛将缠在身上的蛛丝解开。

①然后就像气球一样，越升越高，"飞"过灌木丛，"飞"过了茫茫的草地……

小蜘蛛发愁了：我应该在哪儿降落呢？

森林和小河不适合我，还是换换地方吧！

然后，它"飞"到了一个院子的上空，看到一个粪堆被一群肥肥的苍蝇团团围住，苍蝇正在不停地扇动着翅膀。

读书笔记

❶比喻

说明了小蜘蛛的轻巧，"飞"得很高。

好！就在这里降落吧！

❶动作描写……
　　说明小蜘蛛已经能够熟练地运用蛛丝。

　　①蜘蛛熟练地操作着自己的飞行器，将蛛丝迅速地缠绕在自己身下。这时，蛛丝就像个气垫子一样，带着蜘蛛越降越低……

　　快到了！准备着陆！

　　正好蛛丝被挂在了一株小草上，小蜘蛛顺利着陆了！

　　总算可以安家了。

✑读书笔记

　　每当小蜘蛛们拖着蛛丝在空中"飞"行的时候，人们就会望着晴朗的高空，自言自语道："夏天变老了！"是呀，你看那一根根细长的蛛丝，与老奶奶的一根根白发是多么相像呀！

# 林中纪事

## 一片松树林能被一只羊啃光

　　这真的不是在开玩笑，真的有这样的事情发生。

　　那是一只被护林员买来的山羊，本来被拴在了树桩上，却在夜里挣断了绳子，逃跑了。

❷疑问……
　　引起读者的兴趣，为下文山羊毁坏林场埋下伏笔。

　　②它能跑去哪里呢？四周都是茂密的树木，它不会遭遇什么危险吧！

　　整整三天，护林员都没有发现它的踪影。第四天的时候，它却自个儿回来了，还"咩咩"直叫，好像在说："我回来啦！再也不离开了！"

　　直到晚上，护林员才知道附近一个林场中的松树苗竟然被那只山羊全部啃光了。另一位护林员行色匆匆地找来了，看得出他十分气愤。

是的，树苗还小的时候没有枝叶的覆盖，也不能很好地保护自己。即使一头牲口，也能将整片林子的树苗全部消灭。

也许，这只山羊就是被那片细嫩的松树苗诱惑才挣断绳子离开的吧。①因为那些树苗是那么可爱，有细细的枝条，纤细的树干和柔软的松针。山羊一定在想，这么可爱的小东西一定非常好吃吧！

但是又壮又硬的大松树，山羊是一定不会靠近的，因为它会被扎得头破血流！

发自驻森林通讯员 维利卡

❶比喻

通过对枝条、树干、松针的描写，说明了松树苗的可爱，因此才会吸引了山羊。

## 扩张地盘的草莓

鸟儿们最喜欢吃长在树林边上的野生草莓了，现在这些草莓已经全都变红了。②它们只要看到成熟的草莓，就飞下来叼走。它们在吃的同时，也能帮助草莓传播种子，将种子带到更远的地方。还有一些没有带走的种子，会跟它们的母亲一起成长。

你只要仔细观察，就会发现：已经有一些藤蔓在这株草莓的旁边长出来了。藤蔓梢儿上还有一簇丛生的小叶子，而那些细嫩的根依稀可见。新的生命已经诞生了！看，这里还有两株呢！在同一根藤蔓上，有三簇丛生的小叶子长了出来。一簇已经扎根了，另外两簇根还没有长好。藤蔓必须绕着母株向四面生长。你如果想找到去年生长的母株，就必须在野草比较稀少的地方去找。就像这株，中间生长的是母株，四周全是它的孩子，里外有好几层，每层都有好几株。

草莓就是这样不停地生长着，不断扩大自己的地盘。

发自尼·巴甫洛娃

❷动作描写

说明了鸟儿非常喜欢吃草莓。

读书笔记

# 有毒的蘑菇

当然，雨后的树林里，也有许多毒蘑菇。白颜色的蘑菇最容易被发现。① 毒白蕈的毒性是最强的，吃下一小块儿，就相当于被毒蛇咬了一口，完全可以夺走人的性命。人类只要食用了这种毒蘑菇，毒性便不能完全驱逐。

幸运的是，毒白蕈是比较容易区分的。它最明显的标志就在柄上面，毒白蕈的柄上有一个套，柄就好像插在花瓶里一样。虽然毒白蕈与香蕈的柄都是白色的，但是香蕈柄的样子很普通，不像毒白蕈那样像是插在花瓶里似的，所以很容易区分。

因为毒白蕈与毒蝇蕈长得很像，人们还称它为"白毒蝇蕈"。就外形而言，它们还真的是难以区分呢！白色的裂斑都长在蘑菇的蕈帽上，就像在蕈柄上围着一条围巾一样。

胆蕈和鬼蕈也是很危险的。人们不容易区分它们，稍不留神就会将它们当成白蘑菇。

② 它俩与白蘑菇不同的地方在于帽子的背面，它俩是粉红色或红色的，不像白蘑菇那样是白色或浅黄色的。而且，如果将白蘑菇的帽子捏碎，你会发现里面同样是白色的；胆蕈和鬼蕈则不同，它们的帽子被捏碎后，先是红色的，之后就变成黑色了。

发自尼·巴甫洛娃

## "雪花"飞满天

昨天，晴空万里，一点儿风都没有，炎热的气流在阳光下涌动着。就是这样的天气，竟然飘起了漫天"雪花"。③ 它们在空中轻快地舞蹈，马上要落入湖水中时，却又再次缓缓上升，胡乱地在空中折腾一番，又再次慢慢地飘落下来。这真的太不可思议了！

今天早上，"雪花"仍然在湖面上、岸边四处飞舞着，却是那么干巴巴、一点儿生机也没有的样子。

这可真的是奇怪的"雪花"啊！强烈的阳光也不能融化它们，同时也不会出现反光的情况。仔细观察，这些"雪花"竟然脆脆的、暖暖的，太不同寻常了！

我走近后才发现了它们的庐山真面目，原来那是一种小昆虫——蜉蝣。它们成千上万地聚集在那里，挥动着翅膀，远远望去，就像飞舞的白雪一样。

就在昨天，它们刚刚飞出待了整整三年的湖泊。出来之前，它们是些模样丑陋的幼虫，只能在湖底四处蠕动，长年累月地穿梭在黑黢黢的湖底。

在湖里，它们根本就见不到阳光，只能靠淤泥、腐烂发臭的水藻填饱肚子。

就在这样的条件下，它们度过了整整一千多天！

而就在昨天，它们才脱掉身上那层丑陋的外皮，爬上了岸，将小翅膀轻盈地舒展开来，拖着三根又细又长的线，也就是它们的三条尾巴，自由自在地在空中飞舞，那景象真壮观呀！

①在这崭新的生命中，它们尽情地舞蹈，感受着生命的快活。因为它们只有一天的新生命，因此也被叫作"短命鬼"。

整整一天的时间，它们一刻也舍不得休息，一直都在跳舞，不停地做着各种各样的动作。雌蜉蝣还会借此机会，将那些细小的卵产在水中。

夜幕即将来临，湖面上、湖岸上，到处都是蜉蝣的尸体。

**❶动作描写**
蜉蝣飞舞在空中，非常珍惜、享受生命。

又一个轮回开始，蜉蝣的幼虫们爬出来后，同样经历着父母的历程，将要在黑暗又污浊的湖底度过三年的时间，然后才可以实现蜕变，长出翅膀，飞舞于空中，享受那只有一天的快乐时光。这真让人惋惜和感叹呀！

## 少见的白野鸭

一群野鸭轻轻地飞过水面，落到了湖水的中央。

我仔细地观察着它们。[①]咦！野鸭的羽毛颜色很是奇怪，都不是纯灰色的，而且有一只竟然是浅色的，一直游在野鸭群的最中间，非常显眼。

**❶外貌描写**
凸显了有浅色羽毛的野鸭的独特性。

我用望远镜观察，看到它全身都是奶油色。当太阳升起，光芒照耀着整个大地的时候，那只野鸭竟然变成雪白的了。它白得耀眼，与那群深灰色野鸭截然不同。除此之外，与其他野鸭就毫无区别了。

打猎五十多年，我从未见过这种颜色的野鸭。于是，我猜测：它也许是患上了色素缺乏症。因为这种病会使鸟兽的血液缺乏对应的色素，所以它们一出生就只有雪白色一种毛色，或者全身颜色很浅，直到它们的生命结束，也不会改变。但是，对于它们来说，这是件危险的事情，因为它们将直接暴露在敌人眼前。

这只野鸭太稀有了，我真想把它抓住，可是却无从下手。因为它们在湖水的中央就是要躲避敌人的侵害。我也只能静待时机。[②]我不清楚它以前是怎样逃脱天敌的迫害的，它是如此的显眼，只要一出现，就会吸引众人的目光。此时，我静静地守候着，期待它快点儿过来。

**❷心理描写**
因为浅色羽毛的野鸭在鸭群中一眼就会被看见，人们难免好奇这只野鸭是怎么逃过敌害的。

不一会儿，我就等来了机会。

当我沿着湖边的水湾散步的时候，草丛里突然钻出几只野鸭，白野鸭正好也在其中间。我迅速举起枪，准备射击。遗憾的是，一只灰野鸭竟然飞了起来，挡住了我要射击的目标。灰野鸭死了。白野鸭乘机逃脱，跟其他同伴一起飞跑了，一点儿伤害也没有受到。

① 这真的只是偶然事件吗？不是的。我还有几次见到那只白野鸭在湖心和水湾里穿行，总有几只灰野鸭护在它的四周，就像保镖一样，专门保护它的安全。每当猎人举枪瞄准它的时候，灰野鸭总是做着相同的动作，飞身而起，挡住白野鸭。因此，灰野鸭总是被霰弹击中，而白野鸭却一次次地逃脱了险境。

唉！我没有一次能够得手。

事情就发生在皮洛斯湖，它位于诺夫哥罗德州和加里宁格勒州交界的地方。

发自维·比安基

**①设问**

白野鸭逃脱枪击这件事不是偶然事件，每当有猎人瞄准它，总有灰野鸭做相同的动作，说明了野鸭很聪明。

# 绿色的好朋友

## 应该种什么树

你们知道哪些树种最适合人工造林时使用吗？

这里列举了十六种乔木、十四种灌木，实践证明，它们适合在我国任何地方栽种。

② 栎树、杨树、槭树、榆树、松树、椴树、桦树、落叶松、桉树、苹果树、梨树、柳树、花楸树、洋槐、蔷薇、醋栗等都是适合人工栽种的树木。

大家都应该了解这些常识，以便在未来开辟林场的时候，

**②举例说明**

写出了那些适合在任何地方栽种的树木，这些树木都适合用于人工造林。

能够知道采集哪些树木的种子。

发自驻森林通讯员　彼·拉甫诺夫

谢·拉里昂诺夫

## 植树的机器

想要开辟新的林场，就必须栽种多样的树木，而只靠双手是万万做不到的。

❶叙述
　说明了机器的作用很大。

这时候，就需要机器来帮忙了。[①]直到现在，机器仍然发挥着重要的作用，它们既能帮助播种，又能移植树木，还可以帮助人们植树，节省人力。迄今为止，人们已经发明了许多种能满足林场需要的机器。现在，更有一些针对性的机器派上用场，有满足林带造林需要的，有满足峡谷边种树需求的，还有专门挖掘池塘、翻耕土壤的，就连养护苗木的机器都有，真的是应有尽有。

## 人工湖

到了夏天，列宁格勒并不是很热，因为那里有许多河流、湖泊和池塘。克里米疆地区则不同，这里既没有池塘，也很少见到湖泊，只有浅浅的一弯溪流而已。[②]平时，人们想要过河，卷起裤脚就能顺利渡过，有时几乎见不到水的痕迹。

❷侧面描写
　说明了溪流的水浅。

过去，农场里的果园或菜园，也面临着缺水的问题。

现在好了，乡亲们合伙挖了个水库，它可以贮存五百万立方米的水，真是解决了人们的燃眉之急，乡亲们再也不用为水而发愁了。

这里的水，足足可以浇灌五百公顷菜地，养鱼和养水禽也不成问题！

# 植树造林

植树造林是一个伟大的事业，是一个功在当代、利在千秋的事业。现在，全国上下掀起了造林的狂潮。这些林地，不仅可以保护我们的农田，还能阻挡来自风沙的侵害。我国正处于伟大的和平建设时期，一系列规模空前的大型水电站将在伏尔加河、第聂伯河和阿姆河上建设。到时，大运河会把伏尔加河和顿河连接起来。①人民都在积极地响应号召，即使是小学生也不例外，大家都跃跃欲试。因为每一位学生都记得自己曾经许下的承诺："我们要做一名优秀的好公民。"所以，我们每一个人都有责任为建设更加美好的祖国而努力！

❶叙述

说明大家都非常喜欢植树造林活动。

一排排小栎树、小槭树和小梣树挺立在伏尔加河河畔，它们骄傲地挺立着，一直延续到草原的边际处。虽然这些小树苗现在还很弱小，还要面临许多的敌人，如害虫、小啮齿动物和热风等，但是它们依然坚强地挺立着。

②我们这些队员，就像爱护自己的弟弟妹妹一样，保护着树苗的安全，不让它们受到丝毫的伤害。它们真的太可爱了，我们都很喜欢这些树苗。

❷叙述

说明了"我们"对树苗非常喜欢。

一只椋鸟一天之内可以消灭两百克蝗虫。于是，我们与乌斯季契·库尔郡、普利斯坦等地的少先队员们一起制作了三百五十个椋鸟窝，让椋鸟栖息在这里，让它们来保护我们的森林。

对小树有严重危害的，还有金花鼠等啮齿类动物。这时，就需要一些特殊的方法来对付它们了。比如，向金花鼠的洞里注水，或用捕鼠夹逮住它们。因为它们的数量很多，所以我们需要更多的捕鼠器才行。

在这里，人们需要大量的树种和树苗。牧民们要去护林带，将未成活的树苗补栽完整。我们收集了一吨种子，准备在乌斯季契·库尔郡和普利斯坦的学校里培育树苗，为防护林的建设做好充足的准备。<sup>①</sup>我们还要建立少先队员巡逻队，与农村的小朋友们一起努力，保护好我们的防护林，让它们免受践踏，并预防火灾。

❶叙述
说明"我们"在建设防护林上很用心。

这些小事情，是我们少先队员应尽的责任。希望全国的少先队员都能加入我们的行动，相信我们的祖国将会更加美好。

发自萨拉托夫城第六十三中学（九年一贯制男子学校）全体学生

## 复兴森林

●读书笔记

我们少先队员也是造林运动的主力军。我们把树种全部交到农场和防护林的工作站，并且开辟出一小块苗圃地，成功地种上了橡树、山楂树、枫树、榆树、白桦等。看着这些可爱的树苗，我们心里充满了欢喜。

发自少先队员　嘉·斯米尔诺娃
尼·阿尔卡迪耶娃

## 园林周活动

这里每年都会举办一届园林周活动，这是我国各级政府统一决定的。10月初举行活动的是中部和北部省份，11月初举行活动的是南方各地区。

第一届园林周活动举办得非常成功。当时，全国正在筹办纪念十月革命三十周年活动。好几千个花园在各地遍地开花，各种花争奇斗艳，美丽极了！国有农场、农机站、学校、医院等单位的院子里，栽种了数百万棵各类果树，景象十分的壮观；<sup>①</sup>私人住宅周围、公路和街道的两旁，都栽上了树木，到处一片生机勃勃的景象。我们每一个人都在用自己的方式为祖国贡献力量。

**❶ 环境描写**········
　　说明种树范围很广。

直至现在，在园林周活动开始前，我们都会提前准备好各种树苗，<sup>②</sup>如苹果树、梨树、浆果树、观赏树等，真的是应有尽有。即使是在没有花园的地方，各种准备活动也都已经被排上了日程，我们期待更加美好的景象。

**❷ 举例说明**········
　　说明"我们"在园林活动前就准备好了各种各样的树苗。

塔斯社　列宁格勒讯

# 农场新闻

## 对付杂草的办法

收割后的麦田只留下了麦茬儿的身影，到处一片荒芜。此时，却有新的生命蠢蠢欲动，那就是杂草。它们将自己的种子撒在地下，并将自己细长的根茎扎入土地，只等着春天的脚步快快走近。只要到了春天，人们即将春耕的时候，它们便会兴奋起来，开始自己的破坏行动。

为了对付杂草，人们需要借助浅耕机的力量，将它们的种子翻到土里去，同时将它们的根茎切断。

<sup>③</sup>这时候，杂草种子感受到春天的气息，心里不由得高兴起来。在这样的环境下，我是多么舒服呀！好暖和的天气、好松软的床呀！我要赶紧生根、发芽，不能辜负这美好的春光。

**❸ 拟人**········
　　表达了杂草对春天的喜爱。

农场里的人们乐开了花，知道杂草上当了，就不会再糟蹋马铃薯了。因为到了深秋，杂草们就长高了，而那时，人们会重新翻整土地，杂草们就再无生路了。这样，地里的马铃薯就能快乐地生长了！

发自尼·巴甫洛娃

## 虚惊一场

①今天，树林里的鸟兽们都很慌张，好像有什么大事即将发生一样，心里感到异常不安。原来，有很多陌生人到树林里来了，他们把许多干燥的植物茎秆铺在了地上。他们这是要做什么？难道发明了什么新式的武器来对付我们吗？

事实证明，他们并没有什么恶意。地上铺着的是一种叫亚麻的植物，它们被铺得整整齐齐的，经过雨露的浸润，以便能轻松地抽取它们的纤维。这真的是虚惊一场。

发自尼·巴甫洛娃

## 猪家庭

又听到好消息了，母猪杜什卡产下了二十六个猪宝宝，前一段时间，大家都刚刚向它道过喜呢！那次它产的是十二头小猪。真的是一个多产的家庭呀！

发自尼·巴甫洛娃

## 黄瓜的苦恼

黄瓜们都很生气地在讨论着："农民怎么能这样对我们呢？两天就要采摘一次，那些小小的黄瓜就让它们多长几天吧，实在是太不人道了！难道它们就不能安稳地慢慢长大吗？"

②可是，它们又能怎样呢？抱怨也不能解决问题，人们的行为依然没有改变。人们可等不及黄瓜长大、变老，那样口感就不好了。小小的黄瓜鲜嫩多汁，好吃极了！那些大黄瓜，是

用来培育种子的。

发自尼·巴甫洛娃

## 落空

一群蜻蜓本想着能抓上几只蜜蜂来吃，只是它们的美梦落空了。[1]农场的养蜂场里面看不到一只蜜蜂，这是怎么回事呢？原来在 7 月中旬以后，蜜蜂们会离开这里，来到林中的帚石南花园，这是它们的第二个家。

在那里，蜜蜂将会酿出香甜的蜜汁，直到帚石南花开败以后，才会回到原来的居住地。

发自尼·巴甫洛娃

**❶疑问**

引起读者好奇，想知道原因。

**读书笔记**

# 打靶场

## 第六场竞赛

1. 你知道水中鱼的重量吗？

2. 蜘蛛是如何得知有猎物落网的？

3. 什么动物会"飞"呢？

4. 小鸟儿在白天发现猫头鹰的话，会有什么样的行动呢？

5. 蜘蛛在什么情况下会"飞"呢？它又是如何"飞行"的？

6. 成年后没有口器的是什么昆虫呢？

7. 为什么家燕和雨燕在晴天飞得高，天气潮湿的时候却飞得很低呢？

8. 家鸡为什么要在下雨前用嘴梳理自己的羽毛呢？

9. 你怎样通过蚁穴的变化来判断天气？

10. 蜻蜓平时吃什么食物呢？

11. 喜欢吃覆盆子的是哪种猛兽呢？

12. 夏天，便于观察鸟类脚印的地点会是哪里呢？

13. 生活在苏联的最大的啄木鸟是什么颜色的？

14. 什么是"鬼喷烟"？

精华赏析

本章描写的是夏季快要结束的时候，森林动物们的生活状态。动物宝宝们都已经长大，即将脱离父母的陪伴自己出去闯荡。这个时候太阳也不再炙烤大地，植物们也快要成熟了，到处充满了惬意和喜悦之情。

延伸思考

1. 哪种蘑菇的毒性最强？

2. 蘑菇喜阴还是喜阳？

3. 蜉蝣长翅膀后能活多久？

相关链接

伏尔加河，俄罗斯内河航远干道，发源于瓦尔代高地，注入里海，流域面积136万平方千米。伏尔加河全长3 530千米，是欧洲第一大河。

# 候鸟离家月

名师导读

秋天到了，花草树木开始慢慢枯萎，农场的庄稼成熟了，菜园的蔬菜、水果也被收割了，小动物们开始忙着收获粮食，候鸟也陆续往南方迁徙。

## 太阳诗篇——9 月

伴随着 9 月的降临，秋天来了。①大地呈现出一片萧条的景象，杂草枯萎，树叶飘落，雁鸣长空。云朵显得格外忧伤，瑟瑟秋风不断地与大地母亲交流着。

❶环境描写

描写了秋天到来的景象。

每个季节都有属于自己独特的时间表。秋天的开始表现在天空中，这是与春天不同的一点。秋天，树上的叶子是从黄色变成红色，再由红色变成褐色，但最终都是以枯萎结束。不仅仅是叶子，在叶柄和树连接的地方也出现了一个衰老的环状带。树叶会在没有风的时候自然地飘落下来：时而一片红色的白杨叶子落下来，时而一片黄色的桦树叶子飘下来，它们在空中舞动着，轻轻地来到了地面上。

读书笔记

早上醒来的时候，最先映入你眼帘的就是青草上的一层层

111

白霜。你会在日记本上写下这样一句话:"秋天已经来到了!"也就在这时, 具体地说是在这一夜, 秋天来了。① 树叶宝宝们开始从大树妈妈的枝头飘落下来, 与大树妈妈诉说着离别。最后, 残留在树上的叶子被秋风横扫, 纷纷落地。森林里华丽的夏装全部被换下了。

雨燕已经不见了踪影。家燕们和留在这里度过夏天的候鸟一起悄悄地飞行在漆黑的夜晚, 这将是一次漫长而又遥远的征程。天空看起来那么空旷, 温和的河水变得冰凉起来, 人们也不再到河边嬉戏……

也许是对那个热情似火的夏季还有留恋, 天气又忽然变得晴朗和温暖起来。空中, 一根根又细又长的蜘蛛丝犹如银丝一般随风摆动着……田野上又长出了一抹令人心动的绿色, 在金色的阳光下显得那么耀眼。

② "夏天好像又回来了!" 村民们看着田地里生机勃勃的农作物高兴地谈论着。

森林里的居民们为了度过难熬的冬天已经做好了充分的准备。那些还没有来到大地母亲怀抱的小生命也躲到了安全的角落里, 把自己保护得严严实实的。大自然将暂停对生命的关怀和照顾, 一切等到明年春天的时候才会恢复。

可是, 兔妈妈好像不愿意承认秋天就这样来到了, 还在不停地忙碌着, 又一窝可爱的兔宝宝出生了! 这也就是人们为什么叫它们"落叶兔"了。这个时候, 森林里还会长出一些柄很细的蘑菇。夏天就这样结束了。

候鸟们也开始离开家乡。

跟春天一样, 在季节交替时, 森林里的通讯员们会发出一些这样的电报:每时每刻都会有新消息, 每一天都会有大事件。鸟儿们成群结队地开始了迁徙, 春天, 它们从南方飞去北

① **拟人**
把树叶从枝头飘落形容成在和大树诉说离别, 赋予它们人的感情色彩, 说明树叶舍不得大树。

② **语言描写**
说明天气忽然变得暖和起来。

读书笔记

方，而这时它们就要从北方飞去南方了。

秋天的序幕正式拉开！

## 森林通讯员的第四封电报

① 那些身穿漂亮彩衣的鸟儿们都不见了，它们是在半夜开始了征程，因此我们并没有看到它们的启程。

相对于白天，夜里反而安全得多，所以很多鸟儿选择在夜里飞行。因为游隼、老鹰及其他的猛禽早早地就飞出了森林，在半路上等着这些迁徙的鸟儿。在夜晚，候鸟们也能够识别飞往南方的路线，而且那些猛禽不会在夜晚攻击它们。

飞行途中，海上出现了野鸭、潜鸭、大雁和鹬这类水禽的身影。要是它们感觉到累了，就会选择在春天曾经休息过的地方落脚。

在森林里，叶子们呈现出枯黄的景象。兔妈妈又生了六只"落叶兔"。

② 每天晚上，不知道是谁在海湾的岸滩上留下许多小十字形的印记。整个岸滩上，几乎全是这些小十字和小点子。为了弄清楚是谁这么淘气，我们在海湾的岸上搭建了个小棚子。

# 林中纪事

## 离别的季节

叶子都已经掉光了，白桦变得光秃秃的，只剩下一个小房子在树枝上随风摇晃着。这个小房子是椋鸟的巢，它的主人已经离开很久了。

奇怪的是，突然又飞来了两只椋鸟。雌鸟飞进巢里忙活起来了。③ 而雄鸟则停靠在枝头上到处观望，还唱起了歌，声音

**❶拟人** ⋯⋯⋯⋯⋯

将鸟儿人格化了，形容成鸟儿穿了彩色的衣服，说明了鸟儿的羽毛很漂亮。

**❷设问** ⋯⋯⋯⋯⋯

十字形的印记，读者会好奇，想知道是谁留下的。

**❸动作描写** ⋯⋯⋯

说明雄鸟舍不得自己的家，表达了它的不舍之情。

113

非常小，估计是唱给自己听的吧。

雌鸟出来的时候，雄鸟刚唱完一曲，它很快飞向了鸟群。雄鸟也飞了过去。它们要开始遥远的旅程了，不是在今天，就是在明天。

夏天的时候，它们在这所小房子里面孵出了幼鸟。它们今天是来与小房子告别的。

温暖舒适的小窝，它们是不会忘记的，等到第二年春天的时候，它们还会回来居住的。

✒ 读书笔记

## 明亮清新的早上

（选自少年自然科学爱好者的日记）

**9 月 15 日**

这一天秋高气爽，我像往常一样早早地来到花园里散步。

天空纯净又高远，空气中有一丝丝的凉意，这是户外空气才会有的感觉。①蜘蛛网看起来像一块块薄薄的绸纱，悬挂在乔木、灌木和青草之间，泛着银色的微光。这一张张晶莹剔透的蜘蛛网是那些纤细的小蜘蛛的家。

**❶比喻**
形象地描写出蜘蛛网的轻薄。

在两棵小云杉的树枝之间有一只小蜘蛛，它在那里结了一张银白色的网。早晨的露珠落在网上，使这张蛛网看起来就像是玻璃做的，仿佛只要轻轻一碰，就会碎了一样。小蜘蛛一动不动地蜷缩成一小团儿，好像僵硬了一样。也许是趁苍蝇、蚊子还没有来，赶快眯上一小觉吧？但是，它不会已经被冻僵了吧？

✒ 读书笔记

我用指头轻轻地碰了一下小蜘蛛。

小蜘蛛像一粒粘在蛛网上的小石子般滚落到了地上，一点儿反应也没有。但是在刚刚着地的时候，它马上就爬起来躲到一边去了。

这伪装得太厉害了！

它还能够回到这张网上吗？它还能回到这个它曾经待过的家吗？这一点我不知道。或许它会放弃这里，重新再织一张网。但是，如果重新织网，它就得来回奔走，转圈打结，这么辛苦的工作，得耗费它很多心血和汗水啊！

①露珠挂在晶莹剔透的小草尖儿上，纤细的小草好像睫毛一样，露珠就像泪珠一样微微颤动。它们闪烁着，跳跃着，是那么的开心。

几朵小野菊点缀在路边，它们穿着暗黄色的花裙子，等待着第二天温暖的朝阳。它们也是最后幸存的菊花了吧。

早上的空气虽然透着凉气，但看起来好像一块儿干净透明的玻璃，一碰就会碎似的。所有的景象显得那么的华丽，让人不免沉浸其中：多彩夺目的树叶、晶莹剔透的露珠、银白色蛛网衬托下的小草、湛蓝的小溪。但也有不美丽的东西存在，那就是蒲公英和灰蛾。蒲公英浑身湿漉漉的，白色的绒毛粘在一起成了模糊的一团。而那只灰蛾已被鸟儿啄得狼狈不堪。②在不久前的夏天，蒲公英身上有成千上万顶小降落伞，微风拂动的时候特别漂亮。那个时候的灰蛾是非常好看的，有着毛茸茸的身体和光滑、干净的脑袋。

这些生命都太脆弱了，让我深深地怜惜。我把它们捧在手心，好让阳光晒到它们的身体，让它们感受到温暖。蒲公英和灰蛾身上没有一处是干的，没有一丝温暖。终于，它们慢慢地苏醒过来，恢复了一点儿活力。蒲公英头上的绒毛也不再是粘在一起的了，恢复成白色的小降落伞，一个个飞舞在空中；灰蛾的翅膀也变得硬朗起来，拥有了之前的活力，毛茸茸的身体泛着光泽。蒲公英和灰蛾这两个残缺的、丑陋的家伙又恢复了昔日的风采。

在森林边，一只黑琴鸡在小声地咕噜着。我小心翼翼地绕

**❶比喻**
把小草尖比喻成睫毛，说明了小草尖的纤细；把露珠比喻成泪珠，更生动形象地描绘了露珠挂在小草尖上的场景。

**❷夸张**
生动说明了蒲公英的数量之多。

过灌木丛，想从灌木丛的后面靠近它，听一听它是怎样自言自语、啾啾地鸣叫的，看一看它是怎样玩春天时候玩过的游戏的。

❶心理描写……

"我"以为黑琴鸡离我比较远，结果黑琴鸡从"我"脚边飞过去，所以被吓到了。

当我刚刚走到灌木丛前的时候，黑琴鸡突然扑噜一声，从我的脚边飞走了。① 我被它振翅的声音吓了一跳。

我本以为它离我还远着呢，原来，它就在我的脚边藏着。

就在这时，从远方传来一阵鹤鸣声，不一会儿，我看到一群鹤从森林上空飞过。

它们是要离开我们了……

发自驻森林通讯员　维利卡

## 水中的旅途

路边的野草失去了往日的活力，都耷拉着脑袋，看起来无精打采的。

以行走著称的秧鸡已经开始了它漫长的旅程。

矶凫和潜鸭的身影不时出现在海上航线。它们很少使用翅膀来飞行，常常会潜到水里捕鱼。矶凫和潜鸭自由自在地游过湖泊，游过港湾。

❷动作描写……

描写了矶凫和潜鸭在游泳前的准备动作，说明矶凫和潜鸭的游泳能力很强。

矶凫和潜鸭不像野鸭那样，它们甚至不需要先在水面上抬起身子，再向水下扎猛子。② 它们只要稍微低头，再用船桨似的脚蹼使劲一蹬，就轻松地钻到深水里去了。矶凫和潜鸭游泳的速度是很快的，甚至鱼儿们都没它们快。在水里，它们自由自在，无拘无束，任何一种猛禽都追不到它们。

不过，它们飞行的速度是很慢的，不能和那些飞行速度特别快的猛禽相比较。因此，它们会选择游泳旅行，而不是去空中冒险。

## 最后的浆果

生长在沼泽地里的蔓越橘把根扎在泥炭上的草墩里，它的果实已经成熟了，浆果垂落到青苔上。从远远的地方就可以看到浆果，但看不清楚它到底长在什么东西之上。① 走近之后，你才能看到一些细小的像线一样的茎缠绕在青苔垫子上，茎的两侧有特别小但是很坚硬的叶子整齐地排列着。

这就是一棵小灌木。

发自尼·巴甫洛娃

❶外貌描写·········

生动地描写了蔓越橘的生长状况。

## 候鸟要开始旅程了

每晚都会有一批批长着翅膀的旅客整装出发。春天返回时，它们匆匆忙忙的，但这次跟春天不一样。它们飞往南方时不慌不忙，从容不迫，而且中途会休息很长时间。② 因为它们舍不得离开这里，那种恋恋不舍看上去就像即将离家的游子一样。

候鸟飞往南方时的次序和第二年返回来的次序是相反的：色彩斑斓、外表漂亮的鸟儿往往是最先离开的；燕雀、百灵和鸥鸟这些春天第一批飞回来的鸟儿却坚持到最后才离开。大多数的鸟儿都是年轻的先飞走，雌燕雀比雄燕雀先飞走，而那些能吃苦不畏寒的鸟儿则会走得晚一些。

大部分的鸟儿都会直接飞往南方，它们会飞往法国、意大利、西班牙和地中海、非洲。也有一些鸟儿会向东经过乌拉尔、西伯利亚，最终飞到印度。有些鸟儿甚至会飞往美国。在它们脚下一闪而过的是几千公里的路程。

❷比喻·············

写出了候鸟们的依依不舍之情，说明候鸟非常喜欢这个休息的地方。

## 等待传播下一代

为了安排好下一代之后的生活，乔木、灌木和野草都在不停地忙碌着。

槭树枝上，垂下一对对已经裂开的翅果。它们在等待秋风把它们吹散，从而传播到别的地方。

小草们也在等着秋风的来临：又细又长的茎干上，从干燥的花盘里伸出如真丝一般的灰色绒毛，看上去那么华丽，那么柔软；①香蒲的茎长得非常高，要比沼泽地带的草还要高，因此，沼泽地好像披上了一件褐色皮袄；山柳菊也长出了毛茸茸的小球，打算在一个好天气去旅行。

还有许多别的小草，它们的果实上长满了细毛，看起来像羽毛一样，长短不一，各式各样。

庄稼已经收割完了，田地里、路旁以及沟边的植物们等待的不是秋风，而是从它们身边走过的动物或者人。牛蒡捧着它那干燥而带刺的花盘，里边装着带有棱角的种子；金盏花正在等待路人走过，好让它黑色的果实沾在他们的袜子上；②猪殃殃的果实非常小，像小球一样，喜欢粘在人的衣服上，这些小球用毛绒布才能够擦干净。

发自尼·巴甫洛娃

## 森林通讯员的第五封电报

我们在那里埋伏并经过仔细观察之后，终于发现了其中的秘密，在海湾岸滩上那些十字形脚印和小点点原来是滨鹬留下的。

小小的海湾岸滩上面布满了淤泥，那是滨鹬休息的地方，它们在这里歇脚、休息、吃东西。它们可以尽情地舒张自己的身体，在柔软的淤泥上面自由行走，这样就留下了一串串十字形的脚印。③它们会把长嘴巴伸进淤泥里，拉一个小肥虫出来作早餐，因此，就留下了它们啄过的痕迹：一个个的小圆点。

**❶对比描写**

因为香蒲是褐色的，所以看起来就像给沼泽地披上了一件褐色皮袄。

**❷形态描写**

写出了猪殃殃的果实的外貌特征。

**❸动作描写**

写出了滨鹬捕食时的情况。

我们捕捉到一只鹳，整个夏天都可以看到它在我们家的房顶上盘旋。我们在它的脚上套了一个很轻的铝制金属环，上面刻着"莫斯科，鸟类学研究委员会，A组第195号"。之后，我们放飞了这只鹳，让它带着脚上的铝环飞向了远方。要是它在过冬的地方被人抓住了，我们就可以从报上知道这只鹳在冬天飞向了哪里。

◗读书笔记

森林里，树上的叶子也变了颜色，纷纷扬扬地飘落下来。

本报特约通讯员

# 城市新闻

## 强盗来袭

在列宁格勒的伊萨基耶夫斯基广场上，在大家的眼皮底下发生了一起强盗式的袭击事件。

①一群鸽子从广场上飞起的时候，突然有一只大隼从伊萨基耶夫斯基大教堂的圆顶上俯冲下来，并且迅猛地朝着一只鸽子扑去。刹那间，一堆凌乱的羽毛飞扬在空中。

❶动作描写
描写了大隼的凶猛之态。

受到巨大惊吓的鸽子们飞到附近房子的屋檐下躲避起来。大隼用它那锋利的爪子紧紧地抓住那只鸽子，接着向教堂圆顶那边飞去。

大隼在迁徙的时候，会经过我们城市的上空。这些凶猛的大鸟像强盗似的落在教堂的圆顶上，为的就是方便观察猎物。它们有时也会选择在高大的钟楼上面落脚。

◗读书笔记

## 看起来像猫的山鼠

我们在挑马铃薯时听到"沙沙"的声音，原来有一只小动物正从牲畜栏的地下往外钻。

马上就有一只狗跑过去，蹲在刚才发出声音的地方用鼻子闻起来。那小动物不停地钻来钻去。于是，狗一边"汪汪"地叫着，一边用爪子刨地。

不一会儿，狗就用爪子刨出了一个小坑，已经能看到那个小东西的头顶了。狗继续刨着，当那个小东西的头露出来的时候，狗把它拖了出来。这小东西还想咬狗呢，却被狗狠狠甩了出去，狗不停地冲它大叫。

❶**外貌描写**

形象地描写出山鼠的可爱之态。

① 这小东西看起来跟一只小猫似的，它的毛是灰蓝色的，还夹杂着黄色、黑色和白色。它呀，是一只山鼠。

## 森林通讯员的第六封电报

清晨，一阵寒气袭来。

一些灌木的叶子像雨点儿似的纷纷飘落，就像是被刀削过一样。

蝴蝶、苍蝇、甲虫都不见了踪影。

候鸟中的鸣禽已经感觉到了饥饿，匆匆忙忙地飞过大片树林。

鸫鸟不用担心食物，它们的目的地是挂满了熟透的山梨的果林。

❷**拟人**

把树木人格化，把掉光了树叶的树木形容成睡着了，说明森林里很寂静。

秋风游荡在光秃秃的树林里。② 树木都像是睡着了，森林里也听不到鸟儿们欢快的歌声了。

本报特约通讯员

## 忘记采蘑菇

9月，我和我的几个小伙伴去森林里采蘑菇。刚进森林，我们就吓跑了几只榛鸡，它们脖子短短的，长着灰色的羽毛。

然后，我看见一条死蛇挂在树墩上，它都已经风干了。

① 树墩上有一个小洞，里面发出"咝咝"的声音。这不会就是一个蛇洞吧，太可怕了，我赶紧逃离了那个地方。

后来，在快走到沼泽地时我看到一种之前没有见过的动物——鹤。七只鹤在沼泽地上翩翩起舞。之前我从没见过真正的鹤，只是在学校的图画书上看到过。

小伙伴们都已经采好了蘑菇。可我太好奇了，在林子里不停地跑来跑去。我看见到处飞的小鸟，听见它们婉转的歌声。

在回去的途中，一只灰色的小兔从路上跑过，它脖子和后腿是白色的，其他地方都是灰色的。

我绕过了那个有蛇洞的树墩。我还看见一群大雁，它们正从村庄的上空飞过，嘎嘎地大声叫着。

发自驻森林通讯员 别兹苗内依

**❶心理描写**·········
"我"认为小洞是蛇洞，所以心里害怕。

✒**读书笔记**

## 躲藏起来

天气一天比一天冷。

夏天离我们也越来越远了……

冬眠的小动物们都懒得动弹，总想着睡觉，它们的血液都快被冻得凝固了。

长尾巴的蝾螈，整个夏天都躲在池塘里，没出来一次。此时，它却上岸了，朝树林里慢悠悠地爬去。② 它看中了一个已经腐烂的树墩，钻到树皮底下，在里面缩成一团。

青蛙却跟蝾螈相反，它们是从岸上跳回到池塘里，然后钻到池底的淤泥里不出来。蛇和蜥蜴将身子蜷缩进树根底下的青苔里——厚厚的青苔很暖和。鱼儿们也成群结队地游向水底的坑里，准备挤在一起过冬。

蝴蝶、苍蝇、蚊虫和甲虫也都藏了起来，它们会选择钻进树皮和墙缝的空隙里。蚂蚁也不甘落后，它们把蚁巢一百多个

**❷动态描写**·········
说明蝾螈非常喜欢生活在腐烂的树墩里。

**❶动作描写**
　　生动地描写了蚂蚁们冬眠时的样子。

**❷侧面描写**
　　体现了农村到了冬天一片冷清的景象。

**❸列数字**
　　"最少都有一百只"，说明灰山鹑的数量非常多。

出入口都堵上，①爬进蚁巢最深处，彼此紧紧依偎，一动不动地睡着了。

　　饥饿、寒冷都在这个时候降临了！

　　苍蝇、蝴蝶、蚊虫都躲起来了，蝙蝠没有了食物，也选择藏在树洞、石穴、岩缝以及阁楼的屋顶下面睡大觉了。蝙蝠用脚抓住某个东西，头朝下倒挂着，用斗篷似的翅膀紧紧地裹住身体，就这样睡着了。

　　青蛙、癞蛤蟆、蜥蜴、蛇及蜗牛，全部都藏了起来。刺猬在树根下的温暖的草窝里躲藏起来。獾也几乎不出洞了。

　　飞禽走兽属于温血动物，食物会为它们带来能量。它们一吃东西，身体就开始暖和起来，因此它们不怎么觉得冷。但是饥饿和寒冷也常常困扰着它们。

# 农场生活

　　田野里一片空荡荡的，庄稼都已收割完毕了。人们的餐桌上出现了用新粮做的美味面包。

　　斜坡上铺满了亚麻。它们经过风吹、日晒、雨淋之后就要被收起来了。如果想要把麻剥下来，就得把它们搬到打谷场上使劲儿地揉搓才行。

　　②孩子们已经开学一个月了，田间地头也看不到有孩子在劳动了。人们把马铃薯挖完之后，会将一部分马铃薯运到车站，另一部分则会被直接埋在干燥的沙坑里。

　　菜园子也空了。人们用车子把最后一批叶子卷得极紧的卷心菜从田垄上拉走了。

　　秋天刚种下的庄稼，现在已经长出了绿油油的叶子了。③田野里到处都是灰山鹑，它们不是分散开的，而是聚集成群，每群最少都有一百只呢!

这个季节过去之后,人们就捕捉不到灰山鹑了。

## 把沟壑征服

田野里出现了不断扩大的沟壑,农场的田地都快被它们占据了。这让人们很头疼,我们这些少先队员也不由得着急起来。为了能治理好沟壑,我们专门进行了讨论,研究如何避免沟壑继续扩大。

我们明白,要想阻止沟壑继续扩大,就得栽些树把沟壑围起来,好让树根抓住土壤,这样就能巩固沟壑的边缘和斜坡了。

现在已经是秋天了,我们的讨论是在春天进行的。为此,我们开辟了一块苗圃地,培育了一千多棵树苗,包括白杨苗、槐树苗等。现在我们已经开始着手移栽这些树苗了。

再过几年,沟壑就会被树木稳定住,不会再危害到我们的农田了。

发自少先队大队委员会主席　科里亚·阿加丰诺夫

## 树种的采集

9月是丰收的月份,很多乔木和灌木结出了种子和果实。这一时期最重要的事就是尽可能多地采集种子,然后把种子种在苗圃里,这对之后河岸和池塘的绿化有很大的作用。

在完全成熟之前或者刚刚成熟这段很短的时间里,将大多数乔木和灌木的种子采摘完是最好不过的了。尖叶槭树、橡树和西伯利亚落叶松种子的采摘更应及时。

9月份能采摘的树种有很多:苹果树、西伯利亚苹果树、野梨树、红接骨木、皂荚树、雪球花树、榛树、沙棘树、马栗树、欧洲板栗树、丁香、乌荆子树和野蔷薇。

另外,克里米亚和高加索地区的山茱萸种子也是可以采

读书笔记

读书笔记

集的。

## 我们的好方法

植树造林利国利民，现在已经成为全国人民都在从事的美好事业了。

春天，植树节已经成为名副其实的造林日。我们在农场池塘周围栽上了树苗，为的是防止太阳烤干池塘；我们在高高的河岸边栽上了树苗，为的是巩固那陡峭的河岸。我们还绿化了学校的运动场。①这些树苗后来都成活了，仅一个夏天它们就长大了很多。

①叙述
说明树苗的生长速度很快。

我们还有一个妙招。

冬天，大雪会把田里所有的道路掩埋。为了避免道路被雪覆盖，人们把大片云杉砍下之后做成路标插在雪地里，为风雪中迷路的行人指明方向。

我们想：为什么不一次性解决这个问题？年年都砍掉大片云杉可不行。我们可以在道路两旁栽上小云杉，这样的话，小云杉长大后不仅可以当作路标，还可以保护道路不被大雪掩埋。

读书笔记

我们马上开始栽种小云杉。

我们在林子里挖了好多小云杉，把它们移栽到了道路两旁。

我们经常细心地给小云杉浇水，所有小树都在新家快乐地成长起来。

发自驻森林通讯员　瓦涅·扎尼亚京

# 农场要闻

## 挑选母鸡

原来，挑选母鸡也是有窍门的。昨天，人们在农场的养禽场里挑选母鸡。饲养员用一块木板小心地把母鸡们赶到一个角落，然后交给专家一只一只地进行鉴别。

专家手里的母鸡身子瘦小，鸡冠颜色很浅，嘴巴很长，眼睛里像是蒙着一层雾，一点儿精神也没有，看起来傻乎乎的。它好像在问："你们在做什么？"

专家把它高高举起展示给人们看：① "这只母鸡我们不要。像这种看上去萎靡不振的母鸡是不会好好下蛋的！"

专家又接过一只小母鸡，这只母鸡脑袋特别宽，鲜艳的鸡冠歪在一边，鸡嘴短，眼睛大，两只眼睛炯炯有神。它拼命挣扎，好像在说："快把我放了！你们要干什么？"

被从鸡群里捉出来的小母鸡，不安地看着周围，发出轻微的"咯咯"声，好像在请专家把它放回去。专家说："这只非常好，是一只能产蛋的母鸡。"看来能产蛋的母鸡必须是精力充沛、活泼好动的。

**❶语言描写**

因为母鸡精神萎靡，专家觉得它不会好好下蛋。

## 住新家，换新名

最近小鲤鱼搬了新家。

春天时，鲤鱼妈妈在一个小池塘里产下了很多卵，有七十多万条小鱼苗被孵出来。这个池塘里住着七十多万个兄弟姐妹，也很少有吃鱼卵的家伙来这里。小鱼苗在温度适宜、食物丰富的池塘里自由自在地生长着。但不久之后，小池塘便开始拥挤起来，于是它们搬到了夏季的大池塘里。到了夏末，这些小鱼苗就长得和鱼妈妈差不多了，只是个头会小一点儿，但它们已经是成年鲤鱼了。

现在，小鲤鱼们还要搬家，搬去冬季的池塘里。过了这个冬天，它们就一周岁了。

读书笔记

## 孩子们的休息日

星期天，一批小学生来到了朝霞农场，帮助场员采收冬油菜、芜菁、甜菜、胡萝卜和香芹菜。

①令孩子们惊讶的是，他们发现芜菁的块头好大，会比个子最大的瓦吉克同学的头还大，难怪它被称为"大头菜"！

不过，最让他们感到惊奇的是做饲料用的胡萝卜。

坎娜把一个胡萝卜立在她的脚旁，发现它竟然跟自己的膝盖一样高！胡萝卜上面的部分，和巴掌一样宽。

孩子们愉快地谈论着。他们认为过去人们一定会用这种大胡萝卜去打仗，用芜菁代替手榴弹，投过去肯定能将敌人砸晕；如果进行肉搏战，就用这种大胡萝卜敲敌人的脑袋。

瓦吉克却说道："那时候，这么大个儿的胡萝卜是根本培育不出来的！"

无论如何，在星期天这个休息日，他们还是收获很多，也玩得很开心。

❶心理描写……
芜菁的块头比最大的瓦吉克的头还大，这让孩子们感到惊讶。

🖋 读书笔记

## 关在瓶子里的小偷

这一天，天气非常非常冷，蜜蜂都待在蜂房里。香甜的蜂蜜味传出很远，贪婪的黄蜂被引了过来。

一群强盗似的黄蜂正在等待时机，它们想进入养蜂场把蜂房里的蜂蜜偷走。②但是，它们还没接近蜂房，就被蜂蜜香甜的味道吸引得直流口水。原来，养蜂场里有很多装着蜂蜜水的瓶子，而且瓶子的盖子没有盖好。这个时候，蜂房不是黄蜂们的目的地了，它们有了别的想法。相比去蜂房偷蜂蜜，这些没有盖好的瓶子更好下手。但它们刚钻进瓶子里就被蜂蜜水粘住了，然后都被淹死了。

❷神态描写……
说明蜂蜜非常香甜。

发自尼·巴甫洛娃

# 东西南北无线电呼叫

**呼叫！呼叫！**

这里是列宁格勒《森林报》编辑部。

大家请注意！大家请注意！今天是 9 月 22 日，秋分日。我们继续通过无线电广播播报全国各地的新闻。

请苔原、原始森林、草原、海洋等都注意！

现在，请你们说一说那边秋天的情形吧！

收到请回复！收到请回复！

## 来自雅马尔半岛苔原的回电

我们这里所有的活动都结束了。夏天的时候，群鸟会聚集在岩石上唱着动听的歌，现在再也没有鸟儿唱歌了。雁、鸥、野鸭和乌鸦也都飞向了远方。①四周一片寂静，有时会传来雄鹿决斗的声音，那是它们用犄角在进行搏斗。

夏天快结束时，早上的温度比较低。此时，水都冻起来了。捕鱼的帆船和汽车也都开走了。那些晚走了几天的轮船，已经被冻在河里不能动弹。破冰船正在坚固的冰原上艰难地开辟着航道。这里的白天越来越短，黑夜漫长而寒冷，他们只有在船上度过寒冷的夜晚了。

## 来自沙漠的回电

我们这里正过节呢。暑热消退之后，这里的一切都像在春天一样开始生长。

难以忍受的酷热逐渐退去之后，雨一直下个不停。草变绿了，为了避暑而躲藏起来的动物们现在都出来了。

②细爪子的金花鼠从洞里探出了脑袋，跳鼠拖着细长的尾

**❶动静结合**

因为周围一片寂静，才能听到雄鹿决斗的声音，用以动衬静的方法来体现周边的安静。

**❷动作描写**

描写动物们的活泼可爱。

巴蹦来蹦去。沉睡了一个夏天的巨蟒此时醒了过来，开始捕食这些小动物们了。猫头鹰、草原狐、沙漠猫突然出现了。黑尾羚羊、高鼻羚羊都出来了。鸟儿也现身了。

这里看起来不像沙漠了，到处绿油油的，充满生机。

我们继续在沙漠前行。

防护林将要把这里成百上千公顷的土地覆盖住。防护林会保护农田不受沙漠热风的侵袭，并把沙漠变成绿洲。

## 来自帕米尔高原的回电

这里是世界屋脊——帕米尔高原，因为山脉巍峨高大，被人们称作"世界屋脊"。

在这里，同一个时间，既会是夏天，也会是冬天。①山脚是夏天，而山顶却是冬天。

现在，秋天到了。冬天开始从山顶往下走，生物们也从山顶往山下移。

夏天时居住在悬崖峭壁上的野山羊也开始下山。因为大雪淹没了峭壁上所有的植物，它们无法觅食。

牧场上的绵羊也开始往山下转移。

现在硕大的土拨鼠也不见了踪迹，它们都钻到地下的洞里去了。那里有它们储存好的粮食。它们用干草堵住洞口，然后舒舒服服地躺在洞里。

所有的鹿都沿着山坡走了下来。野猪躲在胡桃树、阿月浑子树和野杏树林中，无聊地等待着冬天的到来。

②山下的溪谷中，角百灵、草地鹨、红背鸲、山鹑……这些鸟儿们也出现了，它们是从遥远的北方飞来过冬的。

另外，很多鸟儿成群结队地从北方飞往这里，因为这里有各种各样的食物可以让它们享用。

❶叙述
山脚和山顶的季节气候相差很大，说明山的海拔非常高。

❷举例说明
溪谷中的鸟儿种类繁多，体现了这里热闹的氛围。

下雨在山下是常见的。随着秋雨的到来，冬天的脚步也临近了。而山顶上正下雪呢。

田里人们正在采摘棉花，果园里人们正在采摘各种各样的新鲜水果，山坡上人们正在采摘胡桃。

此时的山顶积满了白雪，已经没有道路可以通行了。

## 来自乌克兰草原的回电

草原上许多活蹦乱跳的小球，在被太阳炙热的广阔草原上跑着、跳着。它们跑到人们跟前把人围住，有的还会撞到人们脚上，这些小球很轻，人被撞到也不会觉得痛。它们根本不是小球，而是干枯的草，干干的茎、草尖和弯弯翘起的茎叶卷成一团一团的。现在，它们又飞过石头和沙丘，到小丘后面去了。

①一丛丛成熟的风滚草被秋风连根拔起，像滚轮子一样在草原上跑。风滚草就是在滚动过程中撒播自己的种子的。

过不了多久，热风就会从草原上消退。人们培育的森林带开始发挥作用，它们能保护我们的收成，使成熟的庄稼不被灾害毁掉。而连接着伏尔加河和顿河的列宁通航大运河，为这里提供充足的灌溉水源。

现在，这里正是狩猎的时候。各种各样的野禽聚集在沼泽地的芦苇丛中，有本地的，也有过路的。在野草茂盛的峡谷中，聚集着成群胖胖的小鹌鹑。兔子满草原地跑着，没有雪兔，都是棕红色斑点的大灰兔，也有很多狐狸和狼。你可以用枪打，也可以放猎狗去捉。

②在城里的水果市场上，苹果、梨、西瓜、香瓜和李子堆积得跟小山似的。

❶比喻
说明风滚草很轻巧，在风中滚得很快。

❷夸张描写
说明水果品种和数量非常多。

# 打靶场

## 第七场竞赛

1. 按照森林的日历，秋天是从哪天开始的呢?

2. 秋天落叶时，哪种动物还在生宝宝?

3. 秋天，枫树的叶子会变成红色，还有哪些树木的叶子也会变成红色?

4. 秋天到了，所有候鸟都要离开故乡南飞吗?

5. 老驼鹿为什么被人们称为"犁角兽"?

6. 在森林里和草场上，人们为了防备哪些野兽会围起一些干草垛?

7. 在春天和秋天，"我要买件单褂!"这是哪种鸟儿会发出的类似叫声?

8. 图上有两种不同的鸟儿留下的脚印，其中一种住在树上，另一种住在地上。根据脚印如何判断?

9. 如果乌鸦在森林上空盘旋鸣叫，这说明了什么?

10. 为什么优秀的猎人无论何时都不射杀雌鸟?

11. 下图画的是哪种兽类的前爪骨骼？

12. 秋天的时候，蝴蝶都藏在哪里呢？

13. 太阳下山后，猎人如果侦察野鸭，他的脸会朝向哪个方向？

精华赏析

　　本章主要描写的是秋天，花草树木开始凋零，粮食蔬菜水果也收获了，小动物们开始为冬天储存粮食，鸟儿们也开始向远方迁徙，这个季节是忧伤离别的季节。

延伸思考

1. 为什么鸟儿选择在夜里飞行？

2. 滨鹬的脚印是什么形状的？

3.专家是怎么挑选能产蛋的鸡的?

 相关链接

　　列宁格勒今名"圣彼得堡",地处俄罗斯西北部,波罗的海沿岸、涅瓦河口,位于北纬59°~60°、东经29°~30°之间,是列宁格勒州的首府、俄罗斯的中央直辖市、俄罗斯西北地区中心城市,是全俄重要的水陆交通枢纽,也是世界上人口超过百万的城市中位置最北的一个,又被称为俄罗斯的"北方首都"。

# 储藏冬粮月

名师导读

　　秋冬交接之际，这是一个告别的季节，树叶凋零，鸟儿们都已经迁徙，小动物们也都忙着准备过冬时需要的粮食。

## 太阳诗篇——10 月

　　10 月是一个向冬季过渡的月份，到处落叶缤纷，满地泥泞。

　　在这个萧条的季节，户外的天气常常可以分为七种：播种天、落叶天、破坏天、泥泞天、怒吼天、大雨天，还有现在这种扫叶天。

　　这是一个告别的季节。西风不断地催促最后一批树叶离开大树妈妈。秋雨连绵，一只浑身湿漉漉的乌鸦待在篱笆上，看上去那么寂寞而无聊。<sup>①</sup> 它们是最后迁徙的鸟儿。乌鸦也是一种候鸟！在北方生活的乌鸦会在春天最先飞回来，在秋天最后飞走。跟我们这里的秃鼻乌鸦一样。来这里度夏的灰色乌鸦，早早地就飞往南方去了，这时候的南方是温暖的；同时，一批生活在北方的灰色乌鸦又飞来了。

❶叙述描写

　　乌鸦在秋雨中待在篱笆上舍不得离开，更生动地表达了依恋之情。

133

秋天的第一件事就是为森林换装，第二件事是使水越变越凉。早上，林中的池塘被松脆的薄冰覆盖着，池塘里的生命活动也渐渐变少。荷花停止生长，花茎缩了起来，把根扎进了水下的泥里。鱼儿们也不再活蹦乱跳，它们都游到不结冰的深坑里。在池塘里泡了一个夏天的蜻蜓，现在也从水中钻了出来，爬上陆地，找一个长满厚厚青苔的树根来过冬。水面上已经被冰封起来了。

**❶叙述**

从侧面说明了天气非常的冷。

①陆地上的冷血动物都快要被冻僵了。昆虫、老鼠、蜘蛛，还有蜈蚣，都已不见了踪影。动物们开始冬眠了：蛇爬进干燥的洞里，蜷缩成一团，不再动弹；蛤蟆钻进了烂泥堆；蜥蜴藏进脱落的树皮里……大家各显神通：有的准备好充足的过冬粮食，有的穿好了厚厚的暖和的皮袄，有的在搭建温暖的小窝……都在为过冬做着准备。即使是这样，如果藏身的地方不够暖和，它还是会被冻僵的。

# 林中纪事

## 做好过冬的准备

森林还没有被冷空气完全占据，土地、河水还没有被冻上，但是也不能大意。这个时候，寒潮来得特别快，很快，整个大地就会被冰封住。到时候，温暖的空气逐渐消失，万物开始凋零，寒冬将正式来临。

**❷场面描写**

冬天到了，森林里的动物们都在按照自己的方式为过冬准备着，描写出了忙碌的氛围。

②森林里所有的动物都在准备着，忙碌着，它们将按照自己的方式来过冬。

为了躲避寒冷和饥饿，该走的早早地飞向了遥远却温暖的地方，留下的都在忙着准备过冬的粮食。

最勤劳的就是短尾鼠了，它们不惧怕寒冷，在农场的禾草垛或粮食堆下建造了隐蔽的迷宫，以方便偷运粮食。

①迷宫里的每一条小道都通往一个洞口，那里有多条交叉相连的过道。洞的最下面是一间卧室和几间仓库。

田鼠有足够的时间来准备冬天的粮食。有些田鼠甚至已经在洞中收集了四五千克的精选谷粒。等到冬天最冷的时候，它们就能够踏踏实实地在洞里睡觉了。

这些小啮齿动物专门祸害庄稼或者粮库，我们要重点防备它们。

## 被雪覆盖的植物

树木和多年生的草本植物，都已经做好了越条的准备。

一年生的草本植物已经撒下了自己的种子，不过并不是所有一年生的草本植物过冬时都呈种子的形态，有的种子现在就已经发芽了。很多一年生的杂草，会在翻过土的菜园里生长起来。②在那光秃秃的黑色土地上，可以看到一簇簇锯齿状的荠菜叶子，和荨麻相似的、毛茸茸的紫红色野芝麻，还有小巧玲珑的洋甘菊、三色堇和犁头草，当然还有讨人嫌的繁缕。

这些幼苗都努力准备度过冬天。它们要在雪下睡一个冬天，一直到来年的春天才醒来。

树木们也做好了入冬的准备。

发自尼·巴甫洛娃

## 为过冬准备些什么呢

夏天，短耳朵的水老鼠一般会住在它自己建造的别墅里。设计精巧的小别墅建在河边，其中一个过道会通到小河里，方便是方便，但是保温效果不太好。因此，到了冬天，水老鼠不得不搬家。它从河边的别墅搬到草场上。在草场上，它已经建

❶说明性描写
迷宫里的过道很多、洞口也很多，短尾鼠能建造这么复杂的迷宫，说明它非常聪明。

❷排比
在黑色土地上生长着很多幼苗，有荠菜、野芝麻、洋甘菊等，说明雪地里幼苗的生命力顽强。

好了一座温暖又舒适的房子，好几条通道都可以到达这座房子。

水老鼠的房子藏在一个草墩下面，既隐蔽，又方便它把枯草运到洞里，铺在卧室里面。

洞里有好几条通道，专门连接着仓库和卧室。

**❶叙述**

说明水老鼠为了过冬在非常勤劳地储备粮食。

①在仓库的最里边存放的是水老鼠费心收集的粮食，有豌豆、蚕豆、葱头、马铃薯及五谷等，这些过冬的食物分门别类地整齐摆放着。

## 松鼠晒蘑菇

在树枝上，松鼠们会有好几个圆形窝，其中一个用来做仓库，里边有从林子里收集的小坚果和球果。

另外，松鼠们还采摘了好多蘑菇。天气晴朗的时候，松鼠们会把蘑菇串在折断的树枝上晒干，这样，冬天它们在枝头闲逛时就可以拿来充饥。

## 姬蜂的活体储藏室

姬蜂有一对扇动速度非常快的翅膀，还有着一双敏锐的眼睛，眼睛上面是一对朝上卷曲的触角。它的腰非常纤细，成为胸部和腹部的分割线。②腹部下面的尾巴尖上长着一根尾刺，细长而挺直，很像我们平时用的绣花针。

**❷比喻**

生动形象地描写出尾刺的细长。

在其他昆虫为储存粮食、筑巢而忙碌时，姬蜂看上去并不着急，它只是在丛林里飞来飞去。原来，它在急着给孩子们寻找过冬的地方。

在夏天，姬蜂就给它的孩子找好了过冬的地方，这个地方就是又肥又胖的蝴蝶幼虫的身体。它飞到幼虫身上将细长的尾刺戳进幼虫的皮肤。刚开始幼虫会疼得打滚儿，一会儿就不动了，它已经被麻醉了。接着，姬蜂就在虫子身上使劲儿地钻，钻出一个小洞，然后在里边产卵。

①之后，姬蜂就飞走了。蝴蝶幼虫醒过来之后，便继续吃着树叶，好像什么也没有发生一样。秋天来了，蝴蝶幼虫开始结茧，变成了蛹。

**❶动作描写**
说明麻醉失效后蝴蝶幼虫不痛了。

这个时候，在蛹体内，姬蜂的宝宝正在破壳而出。从虫卵孵化出来后，姬蜂的宝宝会一直待在这个安全又温暖的虫茧里，它的食物是那肥大鲜美的虫蛹。

次年夏天来临，茧打开了，但是从里边飞出来的不是蝴蝶，而是一只身材纤细，全身有黑、红、黄三种颜色的姬蜂。

姬蜂是益虫，是人类的朋友，也是许多害虫的天敌。

## 自身携带储藏室

并不是所有动物都需要另外建造储藏室，因为有的动物它们本身就是储藏室。

②秋天刚到的时候，它们就开始大吃大喝，把自己养得肥肥胖胖的，长出一层厚厚的脂肪，这样它们就把自身的储藏室建好了。

**❷动作描写**
说明了此类动物的特性。

把自己的身体当成储藏室的动物有很多，如熊、獾、蝙蝠及其他各种各样的野兽，它们早早地把肚子填饱，然后就开始冬眠。

你或许会认为它们又馋又懒，其实，它们皮下生成的那厚厚的脂肪层就是它们的食物。冬天到了，它们便开始睡觉，一直睡到第二年春天。这段时间，脂肪就像食物的养分一样透过肠壁，渗透到血液，血液再把养料送到全身。这样，动物就会得到能量和营养，也就不会被冻死或者饿死了。

读书笔记

体内燃烧的脂肪会让它们感到温暖，让它们免受冬天寒气的折磨。

# 贼被贼偷

长耳鸮要算是森林里最狡猾的动物了，它还喜欢偷东西。可是，一个小偷竟然偷到长耳鸮身上了！

长耳鸮和雕鸮长得很像，只是雕鸮的个头儿更大。①长耳鸮头上的羽毛竖立着，有着钩子一样的嘴巴，那双夜视眼又圆又亮，在朦胧的月色下也能够看清远方。

老鼠在枯草堆里刚刚发出动静时，长耳鸮就已经精准无误地飞到了老鼠身边，把它抓走了。刚从林中跑过的兔子也被这个黑夜大盗袭击了，在它的利爪下，兔子挣扎了几下就不动了。

长耳鸮是一个夜猫子，到了晚上它才会出去狩猎，白天会一直待在洞里守着它的猎物。即使是夜晚出去狩猎的时候，它也会回去查看，确认它的食物还在不在。

但是接连好几天，每次长耳鸮打猎回来，总觉得储藏室里的猎物变少了，但是它又不确定少了多少。眼看树洞的底部就要露出来了，它才发觉自己的猎物被偷走了。

夜晚来临，长耳鸮又出去狩猎去了。回来后，它发现储藏的老鼠都不见了。一只和老鼠差不多大的灰色的小野兽正在树洞底下爬动。

②长耳鸮气坏了，想要抓住这个小偷，可是那个小东西太敏捷了。长耳鸮还没有出手，它就叼着小老鼠窜进了一条裂缝里，逃跑了。

长耳鸮紧紧跟在它的身后，马上就要追上时，长耳鸮放弃了继续追捕。因为长耳鸮看清了，那是一只伶鼬，它以凶狠残暴闻名动物界。长耳鸮只好放弃猎物，自认倒霉。

打劫是伶鼬的强项。③它虽然体形小，但是十分凶猛、机灵。长耳鸮不敢招惹它。如果被伶鼬咬到胸部，那长耳鸮就必死无疑了。

**❶外貌描写**
让长耳鸮的形象活灵活现地展现在读者眼前。

**❷神态描写**
长耳鸮辛辛苦苦捕捉的食物被偷了，因此它非常生气。

**❸外貌描写**
写出伶鼬的凶悍。

## 长着红胸脯的小鸟

夏天的某一天我走在茂密的树林里，突然听到窸窸窣窣的声音。刚开始我吓了一跳，后来缓过神后，我就开始到处寻找，发现是一只鸟儿的爪子被青草绊住了，不能动弹，在挣扎着。这是一只体形很小的鸟儿，非常娇小可爱，它的胸脯是红色的，其他地方都是灰色的。

我很轻松地就抓住了它，高兴地把它带回了家。

到家后，我拿来面包屑喂它。它之前可能是又累又饿吧，吃了点儿东西后，它便开始活跃起来。我专门为它做了一个鸟笼子，经常捉一些小虫子来喂它。就这样，小鸟儿在我家待了整整一个秋天。

但是，不幸的事还是发生了。有一次，我出去玩儿的时候，忘记了关紧鸟笼，家里的猫钻进笼子，吃掉了那只可爱的小鸟。

①这是我最爱的一只小鸟，它死后我伤心极了，大哭了一场。我甚至狠狠地教训了猫一顿，但是，这都于事无补了。

发自驻森林通讯员 格·奥斯塔宁

## 惹不起的小松鼠

夏天和秋天是松鼠们忙碌的季节。它们必须在夏季采集好粮食，等到冬天来享用。

我之前看见一只松鼠从云杉上摘下果子，使劲儿地往洞里拖。我在一旁观察了很久，一直等它把果子拖进洞里，在这棵树上做好记号之后才离开。

过了一阵子，我们砍掉了这棵树，把松鼠从洞里掏了出来，发现树洞里有很多果子。②这只松鼠非常厉害，有着锋利的牙齿，一个同伴在捕捉它的时候不小心被它咬到了手指。

**❶叙述**
说明"我"非常喜欢这只小鸟。

**❷叙述**
介绍了松鼠的特性。

读书笔记

松鼠被我们带回家，养在一个笼子里。我们给它吃了很多云杉球果。可是，它的最爱还是榛子和胡桃。每当有了这些坚果，我都会给它留着。

发自驻森林通讯员　斯米尔诺夫

## 神奇的星鸦

我们这儿的森林里住着一种叫作"星鸦"的乌鸦。它比普通灰色的乌鸦个头要小，羽毛上有大小不一的斑点，像极了夜空中点点的星光，这也许就是它名字的来历吧。

星鸦常常在树洞或者树根下储藏松子等食物来过冬。

冬天来临，星鸦会从一片森林飞向另一片森林，从一片草原飞向另一片草原，四处寻找同类储藏的粮食。

每一只星鸦食用的都是同类的干粮，而不是它自己储藏的松子。① 它们飞到一片森林后，除寻找其他星鸦在这片森林里储藏的食物外，什么也不干。它们仔细地搜寻每个树洞，寻找坚果。

❶动作描写
　　说明星鸦在冬天找食物非常困难。

容易找到的是藏在树洞里的坚果。冬天的时候，大雪覆盖了整个大地，想要找到藏在树根下和灌木丛中的坚果是非常不容易的。奇怪的是，星鸦却能够准确无误地找到。它们将灌木丛边的积雪刨开，找到了其他星鸦藏的食物。即使周围那么多灌木，它们也能够准确地找到藏起来的食物。

它们到底是怎么知道松子在哪里的呢？我得想一个巧妙的实验来揭开这个谜。

读书笔记

## 胆小的白兔

树上的叶子掉光了，森林里一片萧条。

一只小白兔趴在灌木丛中，它的身子伏在地上，尽可能地趴得更低一些。它的两只眼睛警觉地四处张望着，看起来很害怕。

①周围一阵窸窸窣窣的声音……是老鹰拍打翅膀的声音，又或许是狐狸踩碎落叶的声音，更或者是猎人走路的声音，小兔子吓得发起抖来。要是现在下一场大雪该多好，大地都是雪白雪白的，小兔子就不容易被凶猛的猎者发现了。而现在，森林里有各色的落叶，黄色、红色、棕色，看上去五彩斑斓。

如果此时有一个猎人过来该怎么办？

逃走吗？逃往哪里呢？脚下的枯叶只要踩下去就会发出声音。它自己可能都会被这声音吓着。

小白兔仍然趴在灌木丛中，把身子藏在青苔里，紧贴着树墩，一动也不敢出。它甚至气都不敢出了，只有两只小眼睛在四处观望。那个一直发出声音的家伙到底是谁？

## "女巫的扫帚"

此时，很多树木都已经变得光秃秃的。抬起头，你会看到很多在夏天看不到的东西。看，远处的那棵白桦树上，好像布满了乌鸦的巢。走近之后才发现那不是乌鸦巢，而是一簇簇的树枝。这些树枝又黑又细，朝着四面八方生长着，被人们称为"女巫的扫帚"。

②我们听过的关于女巫的童话故事中，那些巫婆长得都很恐怖，还经常会骑着一把扫帚在空中飞来飞去，把自己留下的痕迹都扫掉。不管女巫还是女妖，她们都带着扫帚。女巫坐着扫帚从烟囱中飞出来，然后在树上涂上怪药，使树上长出像扫帚一样的怪枝。讲童话故事的人都会这么说。

③真是这样的吗？当然不是了。只有童话故事里才会这么解释。那么，科学的解释是什么呢？实际上，树木上会长出"扫帚"是因为它们生病了。这是一种由扁虱引起的病，或者说

**❶环境描写**
形象地写出了小兔子胆小的性格。

**读书笔记**

**❷叙述**
以此说明白桦树上又黑又细的树枝有些吓人。

**❸设问**
说明童话里讲的都不是真的。

141

这病是由一种特别的细菌引起的。榛子树上又小又轻的扁虱经过风吹之后，可以在森林里乱飞。它们靠吸食树木芽里的汁液而生存。它们落到树枝上，就会钻进嫩芽里边住下。它们并不打扰芽的生长，只喝芽的汁液。但是在它们啃咬过的地方留有分泌物，就会导致叶芽生病。等生长的季节一到，病芽就开始迅速地发育，它的生长速度是普通叶芽的六倍。

病芽生长成一棵嫩枝的时候，扁虱的孩子们也出生了。① 它们便钻进这根嫩枝的侧枝里继续吸食汁液，侧芽又生出侧枝……如此一来，只要有一个芽的地方不断生出侧芽，便会长成一团形状奇怪的"扫帚"。

同样，白桦树的嫩芽里如果有寄生菌的孢子时也会出现这样的情况。

不光是白桦，槭树、松树、云杉、赤杨、山毛榉、千金榆、冷杉及其他各种乔木和灌木上，都可能有"扫帚"，就像有女巫骑着扫把飞过时对它们施了魔法一样。

**❶动作描写**
　　说明了扁虱对树木的严重危害。

🖋 **读书笔记**

# 农场的生活

农场里，拖拉机的轰鸣声已经停止了，亚麻也分拣完毕，最后一批货车载着亚麻向车站驶去。

此时，人们在为明年种什么做计划。他们在讨论麦种的事情，专业种子站已经培育出了全国农场需要的黑麦和小麦的优良品种。田地里的工作就要结束了，家里的工作却多了起来。现在家畜的事情又在不断耗费他们的精力。农场里，马都回了马厩里，牛羊也进了畜栏。

最近，灰山鹑经常在农场的谷仓或晾晒场出现，它们在人们的住所里找东西吃。② 田野里已经空荡荡的，在那里它们不

**❷叙述**
　　写出了鸟儿去人们的住所觅食的原因。

得不饿肚子，食物匮乏让胆小的鸟儿也变得胆大了。

# 农场纪事

## 对灯泡好奇的公鸡

随着冬季的来临，白天的时间越来越短，胜利农场的养鸡场灯火通明，这是为了延长鸡群的活动时间。

① 在闪亮灯光的照射下，公鸡、母鸡都很兴奋，它们纷纷扑进炉灰或者沙堆里，或者在食槽前津津有味地吃着东西。一只活泼好动的公鸡对灯泡产生了好奇，它歪着脑袋一直看着灯泡，就像在说："咯！咯！你再低一点儿，我一定狠狠地啄你！"

灯光代替日光确实有效，没几天，鸡们精神十足，毛色也鲜亮了许多。

**❶动作描写**

因为用灯光延长了鸡群的活动时间，所以鸡群们都表现得非常高兴，也都变得更有食欲。

## 最好的饲料

干草末是用质量较好的干草粉碎而成的，属于饲料里最好的作料。

处于吃奶期的小猪崽如果吃点儿干草末，很快就会长成大猪。

母鸡吃点干草末的话，蛋的产量也会增高的，它们会天天"咯嗒、咯嗒"地来炫耀它们的成果。

## 采蘑菇的老奶奶

老奶奶阿库丽娜已经一百多岁了，她居住在黎明农场。不巧的是，我们《森林报》的通讯员去采访她时，邻居家的小朋友说她已经出门了。

**❶语言描写**
说明这种蘑菇数量很多。

过了一会儿，老奶奶回来了，她带回了满满一口袋蘑菇。她告诉我们：① "我年纪太大了，眼睛不好使了，森林角落里的蘑菇我根本都找不到。但是，袋子里的这种蘑菇是很好采的，只要看到一个，就会在附近发现一大片。这就是蜜环菌，这种蘑菇远远地就在冲我打招呼：快把我带回去吧！我实在是太喜欢它们了。它们最爱长在树墩底下，因此很容易就可以发现它们，最适合老人采摘了！"

## 入冬前种蔬菜

在劳动者农场，人们正在播种蔬菜种子，有莴苣、葱、胡萝卜和香芹菜的种子。因为阳光照射少，泥土不仅冰冷而且僵硬，但种子还是被撒了进去。

其实，人们这么做是有道理的。在秋天种下的种子，它们肯定不能发芽。但第二年春天，它们会很快钻出土壤，生长发芽。早点儿收获也是一件好事。

**❷神态描写**
说明队长的孙女不忍心让种子受冻。

②队长的孙女不满意这么做，她对种子们的待遇表示抗议。小姑娘甚至还说她听到种子们在冰冷的地下抗议的声音："不管你们播种不播种，在这么冷的天气，我们是不会发芽的！谁愿意发芽就让它发去吧！"

发自尼·巴甫洛娃

## 农场的植树周

在植树周，全国都开始种植树木了。

苗圃里大量的树苗已经准备好了。③在全国各地的各大农场里，有几千公顷的新果园和浆果林正在开发中。在果园里，人们会栽上多达百万棵的苹果树、梨树及其他果树。

**❸列数字**
"几千公顷"说明新开发的果园和浆果林的面积非常大。

塔斯社列宁格勒讯

# 城市新闻

## 动物园里

夏天时，动物园里的鸟兽们都住在露天的居所。而此时，天气变冷了，饲养员会把它们搬进温暖的冬季住房里。它们住的房子周边会生上炉火，屋子里就像春天似的，很温暖。

冬眠的生活不仅漫长而且还很无聊。现在，无论是飞禽还是走兽，它们都不愿意到外边去。短短一天之隔，温度竟然下降了好多。

## 没有螺旋桨的飞机

最近，在我们城市的上空总会发现一些奇怪的"小飞机"。

走在城市广场上，人们会驻足，好奇地仰望着这些"小飞机"。它们一圈一圈地慢慢绕着。人们不断议论着：

"你们看到了吗？"

① "看到了！看到了！"

"好奇怪啊，怎么听不到这些'飞机'的螺旋桨和发动机的声音？它们一直在上空盘旋，是要做什么呢？"

"或许是它们飞得太高了，我们听不到声音吧，它们看起来那么小！"

"但是它们飞低的时候我们也没有听到声音啊！"

"什么情况啊？"

"它们根本没有螺旋桨！"

"怎么可能！难道是一种新型的飞机，那是什么型号的呢？"

"你们别胡乱猜测了，那根本不是飞机，那是雕！"

"开什么玩笑，列宁格勒一只雕都没有！"

"有的，它们是金雕，现在是它们迁徙的季节，它们或许

**❶语言描写**

描写人们看到"小飞机"时的兴奋、激动之情。

是路过这里吧！"

"原来是这样啊。真的是鸟在飞。它们看起来太像飞机了，但仔细地看，还是能够发现它们在拍打着翅膀。"

## 潜水健将

最近几周，在涅瓦河上的施密特中尉桥上，彼得罗巴甫洛夫斯克要塞旁边以及其他地方，来了一批形态各异、色彩斑斓的客人，它们就是野鸭。

其中，鸥海番鸭和乌鸦的颜色是一样的，斑脸海番鸭翅膀上有白色的斑点点缀着，五彩长尾鸭尾巴跟火柴棒一样，鹊鸭身上是黑白相间的外衣。

它们对于城市的喧嚣已经见怪不怪了。

① 它们的胆子是很大的，人们一步步靠近时它们并不感到害怕，它们甚至也不畏惧迎面而来的劈波斩浪的黑色的蒸汽拖轮。它们的速度很快，一个猛子扎进水里，马上就会在几十米远的地方出现。

这些潜水健将来自海上。每年的春天和秋天，它们会分别来一次列宁格勒。

它们会在拉多亚湖中的浮冰漂到涅瓦河里的时候飞走。

## 鳗鱼的死亡之路

秋天到了，庄稼收获了，树叶掉落了，候鸟迁徙了，河水变得冰凉了。

一生都在这里生活的老鳗鱼也不得不踏上它最后的旅程。

它们从涅瓦河出发，经过芬兰湾、波罗的海和北海，最终到达大西洋的深海。

② 对于它生活了一生的河流来说，这一次迁徙将是永别，

**读书笔记**

**❶叙述**

说明它们经常来这里，都习惯了。

**❷叙述**

鳗鱼为了产卵会离开自己生活一生的河流，并再也不会回来。

它们不会再回来了。

不过，在死去之前，它们会在海中产卵，留下后代。深海的水温有七摄氏度，在那里它们产下数以万计的鱼卵后，便悄悄地死去。

不久之后，在温暖海水的抚摸下，鱼卵会慢慢地长成小鳗鱼，它看起来像玻璃一般透明。之后，几十亿条小鳗鱼成群结队地沿着父母游过的路线，踏上自己的生命之旅。它们的最终目的地就是涅瓦河口。这场旅行是漫长的，长达三年之久，三年后它们将会到达涅瓦河。

在涅瓦河里，它们愉快地成长，慢慢成熟，变成大鳗鱼。

读书笔记

# 打靶场

## 第八场竞赛

1. 兔子往山下跑容易，还是往山上跑容易？

2. 树木落叶的时候，我们能发现鸟儿的什么秘密？

3. 喜欢在树枝上晒蘑菇的，是哪一种动物呢？

4. 哪一种动物在夏季住在水里，冬季住在土里？

5. 鸟类需要为自己采集、贮备过冬的食物吗？

6. 蚂蚁为了度过寒冬会怎么做？

7. 鸟类的骨头里面是什么？

8. 鸟类受到伤害后，在夏季的危险小，还是秋季？

9. 看一看下图，这个脑袋是谁的？

10. 蜘蛛是昆虫吗?

11. 青蛙在冬天会藏在哪儿?

12. 下图画的是三种鸟儿的脚：哪一种鸟儿生活在树上，哪一种鸟儿生活在地上，哪一种鸟儿生活在水里?

13. 脚掌心向外翻的是什么动物?

14. 这是长耳猫头鹰的脑袋。你能指出长耳猫头鹰的耳朵在哪里吗?

精华赏析

　　本章主要写的是在秋天向冬天过渡的一段时间里，树叶凋零，鸟儿都已经飞走，留下的小动物们都按照自己的方式忙着准备过冬。有的在家里储存粮食，有的寻找活体储存室，有的寻找自身携带储藏室。这个时候，大家都在为冬天做着准备。

延伸思考

1.最后迁徙的鸟儿是谁?

2.姬蜂是如何准备过冬的?

3."女巫的扫帚"指的是什么?

相关链接

　　扁虱是一种体形极小的蛛形纲蜱螨亚纲蜱总科的节肢动物寄生物。它仅有火柴棒头大小,喜欢阴凉湿润的环境,通常在草丛里寄生。

# 冬客临门月

名师导读

　　冬天到了，到处都被白雪覆盖，很多动物都在冬眠了，只有少数动物还在外面活动寻找食物，森林里一片安静。让我们去看看这段时间里有些什么有趣的事吧。

## 太阳诗篇——11 月

　　11 月是个特殊的月份，上半月是秋天，下半月是冬天。它是 9 月的孙子，10 月的儿子，12 月的兄弟。

❶比喻

把有车辙的烂泥路面比作斑马，非常形象贴切。

　　11 月，大地上都是钉子；12 月，大地上全是桥。①11 月的时候，路面被一道道烂泥和一道道白雪占据，走在上面就像骑在斑马上。11 月，我国全境已经变得寒冷起来，池塘和湖泊也都已经冰封住了。

　　秋天已经着手它的第三件事了：给河水戴上枷锁，然后用白雪把大地覆盖住。河面上亮闪闪的，水已经被冰封住了。但是，如果你不小心踩到，它会"咔嚓"一声裂开，你就会掉进冰冷的水里。

　　不过，现在还没有真正到冬天，这一切都是冬天的前奏。

太阳会在天气阴沉几天后重新露出笑脸。此时,黑色的蚊子会从树根下钻出来,进行最后的飞舞;几朵金色的蒲公英、黄色的款冬花似乎被寒风遗忘了,仍在尽情地绽放,花瓣里充满了蓬勃的生命力。雪也慢慢地融化了……① 树木已经开始沉睡,它们并没有察觉到在接下来的一个季节中,它们将面临更加恶劣的环境。

到伐木的季节了。

# 林中纪事

## 不怕冷的勇士们

森林里变得安静起来,没有了春天和夏天的热闹,这表明寒冷的冬天正在一步步向我们逼近。

刚才,我刨开雪堆发现了好多植物。它们是一年生草本植物,在春天发芽,在秋天枯萎。

但是我发现它们并没有全部枯死。都已经进入 11 月了,好多草还是绿色的。雀稗居然也顽强地活着!它在农村非常常见,一般生长在房屋前后。② 它的叶子细长,粉红色的小花朵看起来并不显眼,它的叶茎纵横交错地铺在地上。

刺人的、小小的荨麻也坚强地活着。夏天,叶和茎长有细毛的荨麻是令人非常讨厌的,它们总是会扎伤除草人的手指,让人感觉像灼烧一般难受。但是在万物凋零的季节,这些蓬勃的生命还是会给人们带来几分惊喜。

还有蓝堇这种非常漂亮的小草也活着,它开着淡粉色的小花,叶子微微散开。菜园里常常能看到它。

这些一年生草的生命力十分顽强,到现在还活着。不过我

**①拟人**
把树木人格化,写树木沉睡着,不知道后面会面临伐木的危机。

**②细节描写**
通过对雀稗的叶子、小花朵、叶茎的详细描写,暗示雀稗长势非常好,说明它有着顽强的生命力。

❶提出问题·········
引起读者好奇，给读者留下想象空间。

知道，等到春天一来，它们就会枯萎。<sup>①</sup>这些小草为什么非要在雪地里生活呢？这是什么原因呢？要想明白为什么，还得仔细地研究研究。

发自尼·巴甫洛娃

## 还有一丝生机的森林

秋风肆无忌惮地在森林里狂舞着，白桦树、白杨树和赤杨树已经变得光秃秃的，它们在狂风中瑟瑟发抖。仔细看，你还会看到最后一批候鸟刚刚起程。

冬天到来了，一些夏鸟还在这里呢。

✎ 读书笔记

不同的鸟儿，它们的生活方式和习惯是不同的。它们有的会飞到高加索、外高加索地区，或者飞到意大利、埃及和印度去过冬，有的则留在了列宁格勒。实际上，我们这里的冬天并不是很冷，留在这里依然可以吃饱、住暖。

森林里还是有生机的。

## 会飞的"花朵"

沼泽里赤杨的黑色树枝上已经没有叶子了，看上去那么孤独。地上的青草也都枯萎了。太阳看上去懒洋洋的，没有一点儿精神，好不容易才从灰色的云身后露出脸来。

❷排比·········
具体举出了"花儿"众多的颜色，生动地描绘出了"花儿"光彩夺目的样子。

突然，有好多五颜六色的"花儿"出现在了黑色的沼泽地上。那些"花儿"随风飞舞起来。<sup>②</sup>它们五颜六色的，且大得出奇，有红色的、绿色的、白色的，还有金黄色的，阳光把它们照射得光彩夺目。它们有的掉在地上，有的落在了赤杨树的树枝上，有的粘在白桦树的树皮上，有的还在空中颤动着漂亮的翅膀。它们还在彼此打招呼，发出像芦笛似的鸣叫声。眨眼间，它们从地面飞向树枝，从一棵树飞向另一棵树，从这片树林飞向那片树林。它们到底是什么？从哪里来？要到哪里去？

## 从东方来的贵客

一群小精灵突然出现在矮矮的柳树上。①它们在灌木丛间自由地飞来飞去，黑钩子似的脚爪又细又长，到处抓来抓去，在空中扑扇着像花瓣一样的白色翅膀，不时发出轻盈和谐的声音。

这群小精灵就是白山雀。

它们是从遥远的东方来的客人，西伯利亚是它们的故乡。此时，西伯利亚早就进入隆冬，白雪早就把所有的草丛都覆盖住了，因此这些小精灵们经过乌拉尔山脉到达了我们这里。

## 该去睡觉了

厚厚的乌云遮住了太阳，大地上没有了太阳的照耀，一片阴冷，空中飞舞着雪花。

②一只胖乎乎的獾走了过来。它看起来不太高兴，一瘸一拐地、气喘吁吁地走向洞穴。整个森林里满是泥泞，空气潮湿得好像能拧出水来，这让这只胖獾很是恼火。它现在最想做的就是在洞里舒舒服服地睡上一觉，那里有干燥、清洁的沙土，想想就觉得很美妙。

两只小噪鸦不知道因为什么居然在林中打起来了，它们一直吵闹个不停，蓬松的羽毛变得湿漉漉的。

不远处一具野兽的尸体被树顶的一只老乌鸦看到了。这可是一顿美味啊！它兴奋得叫了起来，扇动着它那对乌黑发亮的翅膀急匆匆地冲向那边。

整个森林安静极了。雪花纷纷扬扬地落在黑乎乎的林间、黄褐色的土地上，落在腐烂的落叶上。

雪越来越大。③鹅毛般的雪花漫天飞舞，黑色的树枝和无边的大地都被覆盖住了。

**❶动作描写**

说明山雀确实像小精灵一样。

🖋 读书笔记

**❷动作、神态描写**

獾子因为空气潮湿，导致它不能好好睡觉，因此非常懊恼，才生气地走向洞穴。

**❸比喻**

把大雪比作鹅毛，形象地说明雪下得非常大。

天气冷极了，我们列宁格勒的伏尔霍夫河、斯维尔河及涅瓦河都被冻上了。最后，芬兰湾也被冰覆盖住了。

## 貂与松鼠的较量

北方有一大片茂密的松树林，但是不知道什么原因，那里的松果却很少，经常挨饿的小松鼠们不得不迁来我们这里的森林。

松枝是松鼠们最爱待的地方。它们坐在上面，用后爪紧紧地抓住树枝，津津有味地嚼着松果。

❶动作描写
说明了松鼠非常喜欢松果。

①这天，一只松鼠在树上跳来跳去，采摘着最爱的松果。突然，一个松果从它脚爪间滑落，这可把松鼠心疼坏了，一个劲儿"吱吱"地叫着。它仔细看了看四周的情况，确定没有危险后，就在树枝上跳来跳去，最后跳到地上捡起了松果。

就在这时，一堆枯树枝里露出两只锐利的小眼睛，还有一团白色的皮毛，那是貂！

一场激烈的追逐开始了！

貂很快向树干上爬去。松鼠已经发现了它，于是就跳到了另一棵大树上。

不甘心的貂紧追不舍。松鼠纵身一跃，又跳上了另一棵树。

貂把细细的身体缩成一团，脊背弯成弧形，一跃也跳上了那棵大树。

松鼠从一棵树上跳到另一棵树上，用它那蓬松的大尾巴，努力地保持着身体的平衡。貂紧跟在它的身后。松鼠是很灵敏的，可是貂的动作比松鼠还要快。

松鼠已经爬上了树梢，而它身后是紧追不舍的貂。最后，松鼠跳来跳去，跳到了一根树枝上。

上面是敌人，下面是地面。

读书笔记

读书笔记

已经没有选择的余地了，松鼠一下跳到地上，想要往另一棵树上逃。

可是，它刚刚落到地上，还没来得及跳远，就被貂追上了。接着，一声痛苦的尖叫声在林间响起，松鼠就这样失去了生命。

## 耍花招的兔子

夜晚来临，人们都已经进入了梦乡。一只灰兔趁着夜色钻进果木园中，开始啃苹果树皮。小苹果树的树皮又脆又甜，好吃极了！天亮的时候，两棵小苹果树已经被它啃坏了。①雪花落在它的头上，它也顾不得去理会，一个劲儿地在那儿啃着树皮。真是一只贪吃的兔子！

**❶动作描写**
说明小兔子非常贪吃，也具有破坏性。

这个时候，农户家的公鸡已经叫了三遍，狗也汪汪地叫了好久。

兔子这才回过神来，天亮了，幸好人们还没有起床，它可以趁这个机会赶快跑回森林里。但一夜的雪使得大地变成了白茫茫的一片，它那灰色的皮毛在白茫茫的世界里太显眼了。它不禁羡慕起白兔来，心想：要是自己也有一身白色的皮毛那就太好了！

*读书笔记*

夜晚刚下的雪很柔软，兔子在雪地上跑，留下了清晰的脚印。兔子的后腿长，留下的是长条状的脚印；它的前腿短，留下的是一个个小圆坑。这种脚印被猎人称为"雪上兔印"。

刚刚吃饱的灰兔，此时多想在灌木丛中找个舒服的地方美美地睡上一觉啊！可糟糕的是，它穿过田野和树林时在身后留下了一串明显的脚印。

②灰兔终于想出了一个好办法：弄乱自己的脚印。

**❷心理描写**
表现出小兔子非常聪明。

到了森林边缘的灌木丛旁，灰兔没有停下来直接进去，它绕着灌木丛跑了一圈之后，小心翼翼地踩着来时的脚印又回到了田野里。在田野的某个地方它便开始拐弯，朝着不同的方向跑去。

这时，村民们已经起床了。果园主人来到果林，发现两棵顶好的小苹果树皮被啃掉了。他低下头看了看雪地里那么多的脚印，马上就明白了。<u>①果园主人可气坏了，生气地喊道："你等着吧，我一定要用你的皮来抵我的果树皮！"</u>

**❶语言描写**

果园主人看到被小兔子啃坏的苹果树，非常生气。

他回到屋里，带上猎枪就出发了。

看！兔子就是跳过这里的篱笆朝着田野跑去的。果园主人跟着脚印一直追到了森林里。

但是，进入森林后兔子的脚印就开始围着灌木转圈儿了。果园主人想："太狡猾了，但是别高兴得太早。这点儿伎俩可骗不过我！"

灰兔的第一个花招就是绕着灌木跑了一圈。

第二个花招就是横穿自己的脚印。

果园主人追踪着脚印，识破了这两个圈套。他把猎枪端了起来随时准备开枪打死这只可恶的兔子。

但是，他突然停住了，这是怎么回事？原来，兔子的脚印不见了，周围的雪地上干干净净的没有一点儿痕迹。园主人弯下腰，仔细地看了看。哈哈！兔子的花招又被他看穿了，原来兔子沿着它自己的脚印又返回去了。它每一步都踏在来时的脚印上，非常隐蔽，不仔细看还真发现不了呢！园主人顺着脚印

**❷动作描写**

表现了小兔子的狡猾。

返回。<u>②走着走着，他又回到了田野里。</u>看来，他还是被兔子骗了！

他转过身，沿着"重合的脚印"返回去。唉，原来这里只有一段重合的脚印，前边又变成单层的脚印了。这表明兔子是从这里跳走的。

果不其然，沿着脚印的方向一直通到了灌木丛，单层的脚

印开始变成了双层的，越过灌木丛之后又变成了单层的脚印！

这只兔子简直太狡猾了！现在可得好好察看了……脚印又在旁边出现了一次。到达前边的灌木丛脚印又不见了。这次，它肯定藏到灌木丛里去了。

兔子的确就在附近。不过，它不在猎人认为的灌木丛里，而是在一堆枯枝里面。

这个时候，兔子睡得正香呢，但是沙沙的脚步声还是被它敏锐地察觉到了。而且，沙沙声变得越来越大……

当它睁开眼睛，抬头一看时，猎人已经站在它的面前，并且端着枪正指向它。

①兔子心想：这一次完了，一定逃不掉了。

**❶心理描写**⋯⋯
　　表现了此时兔子绝望的心理。

可是它从枯枝中钻了出来，用闪电般的速度窜到枯叶堆后面。园主人随即开枪，但是他的枪法太差了，没有打中兔子。只见兔子短短的尾巴在灌木丛中一闪，然后就不见了。

园主人只好空着手回家了。

## 不速之客

我们这里的森林来了一个不速之客，它被人们称为"黑夜强盗"。在漆黑的夜里，它很难被看清楚；在白天，它的皮毛就像北方常年不化的积雪一样白，人们很难将它和白雪区分开。它就是来自北极的居民——雪鸮。

②雪鸮和猫头鹰的个头差不多大，但是它的力气要小一点儿。它的猎物有很多，如鸟儿、老鼠、松鼠和兔子等。

**❷对比**⋯⋯
　　写出了雪鸮和猫头鹰之间的差异。

在雪鸮的故乡北极，那里一片冰封，天气极其寒冷，动物们都选择在洞里冬眠，鸟儿们选择飞到暖和的南方过冬。

雪鸮从北极一路南飞，最后选择在我们这里过冬，第二年春天的时候它们就会返回故乡。

### 啄木鸟的工作室

我们家的菜园后面是一片小小的树林，树林里有好多种树，如老白杨树和老白桦树，还有一棵老云杉，上面挂着几颗球果。

天气实在太冷了，小昆虫们都藏起来了，啄木鸟找不到食物，只好飞到云杉上来啄食挂着的球果。

我们来观察一下这只色彩斑斓的啄木鸟是怎么工作的吧：停在树枝上后，它便开始用细长的嘴巴把球果啄下来，再沿着树干往上跳。等发现一条缝隙后，它就把球果塞进去，并用嘴啄食。等把里边的种子都啄出来后，它就把球果丢下去，接着用同样的方式去采第二个。<sup>①</sup> 然后重复第一个球果的程序，第三个也是如此……等到天黑，云杉树上的球果已经快被它啄光了。

**❶动作描写**
表现了啄木鸟的耐心和坚持不懈的精神。

发自驻森林通讯员　勒·库博列尔

**读书笔记**

# 农场要闻

## 冬天真的来了

今年秋天，农场里的收成特别好，这是农场场员们付出辛苦的劳动才得来的。在我们州的很多农场里，每公顷的产量在 1 500 千克以上是常见的事，有的甚至达到每公顷产量 2 000 千克。为了表彰这些奋斗在生产一线的场员们，政府专门设立了"劳动英雄"的奖项。

冬天到了。

农场里的工作已经接近尾声。但是勤劳的人们仍在忙碌着。<sup>②</sup> 男人们忙着给牲口运送饲料，女人们则在牛栏里忙活着。家

**❷叙述**
介绍了农场里男人和女人们忙碌的场景，表现了农村繁忙的景象。

里喂着猎犬的人们早早地带着猎狗出去打猎去了，有的人则到森林里采伐树木去了。

灰山鹑一群一群地飞进了农家小院。

孩子们都上学了。在白天，他们抽空布置好捕鸟网，然后等着小鸟来自投罗网，或者跑去小山丘上滑雪、玩雪橇。到了晚上，他们便认真学习，复习功课。

读书笔记

## 比比谁更聪明

冬天，食物变得很匮乏，因此果园里的小树苗便成了兔子和老鼠的美餐。一场大雪后，我们发现积雪下有一条直通苗圃的地道，这是老鼠挖的地道。

为了保护小树苗，聪明的人们想出了各种各样的好办法：每一棵小树周围的雪都被踩得结结实实的。这样，老鼠们就没有办法钻到小树前了。有些粗心的老鼠会钻到雪外，但它们很快就被冻僵了。

①兔子也经常过来搞破坏。它们常常钻过篱笆的缝隙，啃食小树苗的皮。为此，我们用稻草和云杉树枝把所有的小树苗都包裹起来，以免它们来啃食树皮。

❶动作描写········
　说明兔子的破坏力很大。

发自季马·博罗多夫

## 吊在细丝上的家

在苹果树上，有一种像吊在蜘蛛丝上一样的挂在树上的小"房子"，微风吹来不断摇晃。②这个小"房子"的墙只有一张纸的厚度，里面没有任何供暖设备。但是对于房子主人来说，已经足够它过冬了。

❷环境描写········
　说明了房子的简陋。

能够在这座简陋又单薄的小"房子"里安然地度过冬天，你或许觉得不可能。然而在果园里，这样的小"房子"是非常多的。枯叶是它们的建筑材料。然而，场员们是非常痛恨这样的"房子"的，他们见到的话就会把它们摘下来，然后踩扁。因为这些"房子"的主人是一种害虫：苹果粉蝶的幼虫，如果没有及时地除掉它们，第二年春天一到，它们就会彻底毁掉苹果树的嫩芽和花儿。

森林里有害虫，自然也会有害虫的克星。

昨天夜里，光明农场发生的一件事就是一个很好的例子。

**❶动作、神态描写**
写出了小兔子被扎的经过。

① 当人们在睡梦中的时候，一只大灰兔悄悄溜进果园，想要啃食小苹果树那甜甜的树皮。它口水直流，上前一啃，结果嘴被扎了一下。后来它发现树皮好像跟云杉枝一样。但是它并没有放弃，一连咬了好几口，但嘴却被扎得很疼。无奈之下，它只好垂头丧气地放弃了小苹果树，然后离开了果园。

这些都在场员们的意料之中，为了保护苹果树幼苗，以防侵犯果园的小贼在夜里行动，他们用许多砍来的云杉树枝把苹果树的树干包扎起来，保护树皮。

## 棕色狐狸

郊区的红旗农场建了一个养兽场。空地上放着好几个笼子，这引来了好多人。就连小孩子们也都好奇地拉着妈妈去看个明白。

原来，几只棕色的狐狸被装在这几个笼子里。

狐狸的目光明显地充满了怀疑和不安，面对如此热情的人们，它们有些害怕，也有些不明白。其中，有一只却表现得很淡定，它还若无其事地伸了伸懒腰。

**❷语言描写**
写出了小孩子的内心感受。

一个小孩子尖叫道：② "妈妈，这只狐狸会咬人的，千万别把它围在脖子上！"

## 温室里的小生命

在农场里，人们正在忙着分拣小葱根和小芹菜根。

生产队队长的小孙女站在爷爷旁边仔细地看着，她好奇地问道："爷爷，分拣这些蔬菜是要给动物们做食物吗？"

"乖孙女，不是的，我们是要把这些小葱和小芹菜的根种到温室里面。"

**读书笔记**

"为什么要种到温室里面呢？是为了让它们长大后做种子吗？"

"不是，在冬天人们吃不到绿色的蔬菜，种在温室里后我们就可以吃上绿色蔬菜了。这样，冬天我们吃马铃薯的时候，就可以在上面撒点儿葱花了；做汤的时候，也可以放点儿美味的芹菜在汤里。"

## 用不着盖厚被

米克是一个九年级的学生，外号"犟嘴傻大个儿"。上周日，他到曙光农场来参观。在一块覆盆子地旁边，他和生产队长费多谢伊奇进行了谈话。

米克显出很专业的样子，问道："爷爷，你不怕把覆盆子给冻坏了吗？"

**读书笔记**

"没有事，冻不坏的。"费多谢伊奇回答道，"它们会在雪底下平平安安地度过冬天的。"

"在雪底下度过冬天？爷爷，你在开玩笑吧？这些覆盆子可比我高多了，雪难道会下那么厚吗？"

"我就是说的普通的雪。"爷爷笑着说，"呵呵，聪明的孩子，难道冬天你盖的被子的厚度要超过你站着时的高度吗？"

"我是躺着盖被子的。爷爷，你明白吗？"

"我的覆盆子也是躺着的时候盖雪被啊！当然了，你会自己躺到床上去，这些覆盆子可不会自己躺，得让我帮助它们躺在地上。我把它们绑起来，让覆盆子都弯下腰，这样它们就能乖乖地躺到地上睡觉了。"

**❶ 语言描写**
爷爷解答了米克的疑问，米克对爷爷非常佩服。

① "原来是这样啊！爷爷，你太聪明了！"米克感叹道。

"等冬天下雪后，它们就能够在雪被子下面平平安安地过冬了！"费多谢伊奇补充说。

发自尼·巴甫洛娃

## 可爱的小帮手

不要小看孩子们，他们虽然小，但却是大人们得力的帮手。现在，农场的谷仓里每天都能看见他们的身影。② 他们不怕脏，不怕累，忙得不亦乐乎。有的在帮忙挑选准备用于春播的种子，有的在菜窖里精选最好的马铃薯留作种子。

**❷ 动作描写**
说明小孩子非常喜欢农场。

好多男孩儿还会到马厩、钢铁厂、牛栏、猪圈和养兔场里帮忙。

我们是可爱的帮手，我们一边上学，一边帮助家人做一些力所能及的事。

发自少先队大队长　尼古拉·利瓦诺夫

✎ **读书笔记**

# 城市新闻

## 乌鸦和寒鸦的交谈

**❸ 比喻**
形象地描绘出阳光下的涅瓦河的美丽。

③ 结冰的涅瓦河现在看起来像极了一匹银色的绸缎，在夕阳下闪着亮光。此时，一群从瓦西里岛飞来的乌鸦和寒鸦落在了施密特中尉桥下的冰面上。

一番激烈的交谈之后，这些鸟儿分成了好几队，相继回到瓦西里岛上的花园里。每一群鸟儿都会选择它们喜欢的地方度过漫漫长夜。

## 侦察兵

人们对城市里的果园以及公墓里的灌木和乔木看护得很严，因为他们遇上了非常狡猾且很难对付的敌人。这些敌人体形较小，不容易被发现。万般无奈之下，园丁们只好找了一批专业的侦察兵来帮忙。

著名的"森林医生"——啄木鸟是侦察兵的队长，它头戴红圈帽，身穿五彩衣，非常威风。长长的嘴巴就是它们的听诊器，①它们在树皮上左敲敲，右敲敲，为树木检查身体。经常会听到它们大声呼喊："快克！快克！"

在它身后的侦察兵是各式各样的山雀：胖山雀头上仿佛插了根短钉；凤头山雀头戴尖顶高帽；旋木雀呈浅褐色，嘴巴尖得像锥子；拥有雪白胸脯的鸸被称为"蓝大胆"，它们身穿天蓝色制服，嘴巴如短剑般锋利。

山雀们没有啄木鸟像听诊器一样的嘴巴，它们只好坚守岗位，仔细观察着敌情。

山雀们也是有明确分工的。啄木鸟发现问题后，用它那又尖又硬的嘴巴把树皮里的蛀皮虫轻松地钩了出来。旋木雀不停地用它那小锥子似的嘴巴戳着树干。②鸸头朝下，发现哪个树缝里有害虫，它便马上用它那锋利的"小短剑"把它们消灭掉。成群结队的山雀在森林里活蹦乱跳，不管藏在树皮下的昆虫，还是藏在树枝里的幼虫，都躲不过它们犀利的目光，逃不过它们灵巧的嘴巴。

### 充满诱惑的小房子

天气温暖的时候，总会有一些漂亮的鸟儿出现在我们周围。但是冬天一到，它们便开始了挨饿受冻的日子，所以让我们多多帮助这些漂亮的鸣禽吧！

📝读书笔记

❶拟人
生动地描写了啄木鸟在树上找虫子的过程。

❷动作描写
描写鸸用嘴消灭害虫的整个过程，说明鸸除害虫非常厉害。

一些鸟儿总爱飞到花园或者小院子里，所以，如果你家有花园或者院子的话，可以撒一些谷粒、麦粒或其他粮食在地上，吸引饥肠辘辘的鸟儿来啄食。天寒地冻的时候，你可以给它们提供一个温暖的小窝让它们躲避寒风。或者，在下雪后把房门打开，邀请那些无处取暖的鸟儿们到屋里来做客。

**①叙述**

告诉读者想要吸引鸟儿，准备各种各样的食物就可以了，也说明了鸟儿喜欢的食物很多。

① 为它们提供好小房子后，你可以在房子的露台上放一些大麻子、大麦、葵花子、面包屑、肉末、生猪油等，请你的小客人们免费食用。这样一来，即使你住在城市，你的家里也会来许多小客人的。

当然，这是个非常好的捕鸟时机。把一根细铁丝或者细绳的一端系在小房子的门上，另一端穿过窗户通到你的房间。一旦有机会，你只要拉一下那根铁丝或者细绳，小鸟儿就被擒获了。

不过，夏天的时候就不要捕鸟了。因为在夏天，很多幼鸟会出生，如果幼鸟的妈妈被你捉走了，那些刚刚出生的等待妈妈回家的幼鸟们就会被活活地饿死。

**读书笔记**

# 打靶场

## 第九场竞赛

1. 虾在冬天的时候会待在什么地方？

2. 冬天，鸟儿会感到害怕是因为寒冷还是饥饿？

3. 秋天，如果兔子身上皮毛很晚才变白，那么，这年的冬天会提前来还是会晚来呢？

4. "啄木鸟的工作室"是怎么回事？

5. 在我们这儿，有一种黑夜猛禽只在冬天出现，是哪一种呢?

6. "兔子的花招"是怎么回事?

7. 秋天和冬天，乌鸦在哪里睡觉?

8. 最后一批海鸥和野鸭会在什么时候开始飞走?

9. 秋天和冬天，啄木鸟和哪些鸟儿结成伙伴?

10. 追踪兽迹的猎人一般会说"爪迹"，到底指什么?

11. 白天和夜里，猫的眼睛会有什么变化?

12. 猎人所说的"双重足迹"是指什么?

13. 猎人所说的"雪地兔印"是指什么?

14. 哪一种动物到了冬季除了尾巴尖儿，全身都变白了?

15. 下面的图中一个是食草动物的头骨，一个是食肉动物的头骨。你能通过它们的牙齿分辨出来吗?

精华赏析

本章主要写刚进入冬天时的景象，整个森林变得越来越安静了，花草树木也枯萎了，只有少数还坚强地生长着。动物们觅食也越来越困难了，人们为生活在农场和城市的小动物们准备着粮食。

**延伸思考**

1.被荨麻扎伤后是什么样的感觉？

2.雪鸮和猫头鹰谁的力气大？

3.啄木鸟是怎么给树木治病的？

**相关链接**

凝乳是发酵或用某些酶处理而使乳汁凝结的部分，主要为酪蛋白，用作食品，或制成干酪。

# 白路初现月

冬天，鹅毛般的大雪覆盖了整个大地。让我们去看看每个地方的
小动物们冬天都在干什么。

---

## 太阳诗篇——12 月

雪莱说："冬天到了，春天还会远吗？"

12 月的到来，意味着一年即将结束，却也代表着冬天的开
始。12 月，路上仿佛铺了冰板；12 月，路上仿佛钉了银钉；12
月，整个大地仿佛被冰雪封住了。

冬的到来，终结了河流的使命，河流变得凝滞不动了。冬
的到来，使得白天变得越来越短，黑夜变得来越长。① 太阳公
公也经常藏在乌云里不出来，大地、森林都穿上了厚厚的银色
大衣。

皑皑白雪，覆盖着许多的动植物。它们都有自己的成长规
律。一年中植物会经历开花、结果、枯萎，最终融入哺育它们
的泥土里。那些生命只有一年的无脊椎小动物亦是如此，它们

**❶拟人** ..............

把太阳人格
化了，"太阳公
公"让太阳被赋
予感情，读起来
更亲切。

167

也会走到生命的尽头，回归大地。

在我们看来，一切都仿佛走到了尽头。但是我们想错了，其实这意味着新生命的开始。因为动植物们的生命力是顽强的，植物留下了种子，动物产下了卵，它们会遵循自然规律，用自己特殊的方式度过北方漫长的冬季，然后迎接新生命的到来——春回大地。即使寒冬的威风还在逞强，但是 12 月 23 日——太阳的诞辰已经临近了。

太阳回照到大地，阳光重新洒满人间的那一刻，意味着生命的复苏。

然而无论如何，我们必须先熬过寒冬。

# 书写冬天

鹅毛似的雪花无声无息地下着，细密而又均匀。大地又换上了新装。① 田野和林间的空地是那么的洁白平整，远远看去就像摊开的书页一样，没有任何的痕迹。从上面走过的人似乎都想留下这样的痕迹："XX 到此一游。"

白天下了一整天雪，到了晚上，雪停了。这张书页像是被用橡皮擦擦过一样，又变得洁白如新了。

到了第二天早晨，你会发现洁白的书页上多了形状各异的神秘符号，有条形的、点状的、方形的。这能说明什么问题呢？答案肯定是晚上有很多居民来过这里，它们也许做了不少事情，或者奔走，或者跳跃……

那具体都是谁来过这里呢？又做了些什么事情呢？

赶紧来阅读这些神秘的字句，动脑破译这些难懂的符号吧！否则，再下过一场大雪，展现在你眼前的又是一张白纸，这本书看起来像是又被人翻过了一页。

読书笔记

❶比喻
描写了雪后的田野和林间还没有被人踩踏时的情景。

## 阅读的不同方式

森林的每一位居民都会用自己的特殊笔迹，在冬天这本书页上，写下属于自己的符号。人类习惯用眼睛来辨别这些符号。① 但是，不用眼睛的话，还有其他的阅读方式吗？

很多动物都会用它们灵敏的鼻子来读这些文字。比如小狗，它用鼻子闻一下，就能从书页上的那些符号得知刚跑过去的是兔子还是狼。

动物鼻子的灵敏性是与生俱来的，因此基本不会出什么差错。

## 神奇的书写方式

许多动物都是用自己的脚书写。有的用五个或者四个脚趾写，有的用两个蹄子写。② 偶尔，也会用尾巴、鼻子、肚皮来写。

小鸟是用爪子和尾巴来书写，极个别是用翅膀书写。

## 狼的诡计

仔细观察，狼的脚印看起来犹如一根绷直的绳子。因为狼在步行或者小步奔跑时，它左前脚的脚印，总是会被自己的右后脚准确地踏进来，右前脚的脚印则会被自己的左后脚踏进。

当你看到这样的一行脚印时，就应该想到：一只身材修长、体格健壮的狼刚从这里跑过去了。

然而你错了！事实应该是这样的：这里曾经有五只狼跑过去了，带头的是狡猾的母狼，紧跟它身后的是一只公狼，还有三只小狼在公狼的后边紧跟着。当它们一起行走的时候，后面的狼总是丝毫不差地踩进前面狼留下的脚印里。大意的人们根本不会想到会有五只狼经过。可见，动物们有时是很

**❶疑问**

通过提问表明人类除了用眼睛不能用其他方式读文字，但是小动物们可以用鼻子，说明了小动物鼻子的灵敏度很强。

**❷动作描写**

说明小动物们非常厉害。

**✦读书笔记**

狡猾的，人们只有好好锻炼自己的眼力，才能成为一名善于通过"雪径"跟踪野兽的好猎手。（"雪径"指的是雪地上的兽迹）

## 被雪覆盖的草场

① 心理描写

　　写出了人们对冬天的感受。

一眼望去，大地上什么都没有，只剩下皑皑白雪。① 人们脑海里浮现出早已凋零的鲜花、枯萎的草儿，就会觉得很伤感。

我们早已习惯了这样，也默认接受了这种现象，还自己安慰自己说："我们也没有办法改变大自然的规律！"

可是，我们对大自然的了解还差很远。

今天阳光明媚。我呼吸着新鲜的空气，沐浴在阳光下，准备蹬上我的滑雪板，向草场奔去。我要把这块小试验场里的积雪清理下。

清除完积雪后的草场，露出了花草。一簇簇紧贴着冰面的小叶子沐浴在阳光中，娇嫩的小绿芽也从干枯的草叶下钻出来。被厚厚的积雪压倒在地上的各种植物的茎，像小孩子争宠一样，争先恐后地抢夺着阳光的关怀。

② 叙述

　　说明了毛茛的生命力很顽强。

看到这些植物，我想起了之前我种的一棵毛茛。我记得冬天即将到来的时候，毛茛还花团锦簇。② 现在尽管它被覆盖在大雪底下，但是它的花朵和花蕾还保存完好，花瓣也没有凋零散落。它像是在期待着春天的到来，准备再一次绽放自我。

你们绝对猜不到我在这块小试验田上种下了多少种植物——将近六十二种，仍然青翠的有三十六种，还在开花的有五种。

你是不是一直认为正月的草场是不会有花草的？

发自尼·巴甫洛娃

# 林中纪事

我们的森林通讯员通过"雪径"记录了森林里的几件大事。

## 让人感到恐惧的爪印

在树木下，我们的通讯员发现了一串恐怖的爪印。爪印看上去并不大，像极了狐狸的爪印，但是这个爪子看起来像钉子一样又长又直。<u>①如果谁的肚子被这个爪子抓上一把，肠子肯定会流出来的。</u>

❶想象

说明了爪印的恐怖。

通讯员们很小心地沿着这行足迹走去。他们看到了一个很大的洞穴，走到洞口前，还发现了这个动物的细毛散落在了地上。

通讯员仔细地观察着这些散落在地上的细毛：它们很直、很硬，也很有弹性；颜色是白色的，但是尖端的地方是黑色的。这种毛立刻让通讯员联想到了中国的毛笔，用它来做笔头很合适。

依据经验，通讯员很快就明白过来，这个动物应该是獾。獾这种家伙性格很孤僻，但给人的感觉并不恐怖。这样看来，它可能是趁着天气暖和，出去溜达溜达。

## 被雪覆盖的鸟群

<u>快看！②沼泽地上有一只小兔子在蹦来蹦去。只见这只小兔子在两个草墩之间欢快地跳过来跳过去。</u>突然，玩得正高兴的小兔子突然扑通一声掉进了雪里。它的耳朵也被积雪没过了。

❷动作描写

说明小兔子动作很灵活轻巧。

小兔子觉得脚下有什么东西在动。刹那间，许多雷鸟噼里啪啦拍打着翅膀，从周围的积雪中冲了出来，它们发出了很大的声音。小兔子被吓得撒腿就逃进了林子里。

这时兔子才恍然大悟，冬天，雷鸟会住在积雪下面。白天，它们会飞出去觅食，或者在沼泽地里溜达。它们喜欢在地里刨蔓越橘吃，吃饱了之后就会钻回雪底去。

它们把雪底当成自己的安乐窝，因为里边既暖和又安全。藏在雪底的它们很难被其他野兽发现。

## 雪地爆炸中幸免的母鹿

**❶心理描写**⋯⋯⋯
雪地上的足迹让人好奇，让人不由得去想象这个足迹是怎么产生的。

①雪地上总会有些奇怪的足迹，记载着谜一样的故事。这也考察我们通讯员的辨别能力，有时候他们想了许久，也想不出到底发生了什么。

映入眼帘的是一行兽蹄印，看上去也很窄小，步子却是很安稳整齐地走着。这个很简单：应该是有一只母鹿在林中悠闲地散步，丝毫没有察觉危险的降临。

再往前看，有很多很大的脚印出现在这些蹄印的旁边，这时，母鹿的蹄印变成了奔跑窜跳的样子。

这也不难理解：这只独行的母鹿被狼发现了，狼向母鹿疾扑过去，母鹿敏捷地向远处逃去。

再往前看，母鹿的蹄印和狼的脚印靠得很近——狼在拼命地追赶，母鹿就快被追上了。

地上倒着一棵大树，狼和母鹿的足迹在大树旁已经混在一起。这样看来，狼在追上母鹿的那一瞬间，母鹿一跃跳过了树干，狼也紧跟着蹿了过去。

**❷夸张**⋯⋯⋯⋯⋯
说明坑里的积雪很多。

②树干的另一边有一个深坑，坑里面到处是积雪，像是有一颗炸弹爆炸了似的，炸得乱七八糟。

从这个地方开始，狼和母鹿的足迹就各自奔向一边。但是我们发现其中有个很大的脚印，看上去像人光着脚走路留下的，只是前面带着可怕的弯形的爪印。

这里究竟发生了什么事呢？狼和母鹿为什么会背道而驰？

为什么会出现恐怖的大脚印？雪里怎么会有"炸弹"呢？

我们的通讯员绞尽脑汁地思考着这些问题。

最后，通讯员们终于想通了这是怎么一回事，也知道那些带利爪的巨大的脚印是谁的了。一切马上要水落石出了。

实际情况应该是这样的：母鹿拥有四条善于跳跃的长腿，它跃过那些倒在地上的树干是轻而易举的事，之后母鹿继续向前飞奔。狼也紧随着跳，可惜的是它没有跳过去——因为身子太重。只听见扑通一声，狼从树干上滑落到了雪坑里。这个雪坑其实是熊住的地方，而熊正在冬眠中！

睡得正香的熊被掉下来的狼给惊醒了，慌张地跳起。顿时，周围的冰雪、树枝像被炸弹炸了似的，变得乱七八糟。熊以为有猎人来打它，被吓得飞快地向树林里逃窜。

掉进雪坑里的狼也一样，看见这么个庞然大物，也被吓得撒腿就跑。它只顾着赶紧逃命了，哪里还记得母鹿呀！

此时，母鹿也消失得无影无踪了。

## 积雪之后的景象

冬天刚刚来临时，雪下得不多，但此时的天气状况对于在田野和森林里生活的动物而言，是不好受的。冻土层变得很厚，地面变得光秃秃的，哪怕躲在洞穴中也是那么寒冷刺骨。鼹鼠挺受罪的，①虽然它的脚爪像铁锹似的，但是要挖掘硬如石块的冻土也是极其费力的。鼹鼠都如此不好过了，而老鼠、田鼠、伶鼬、白鼬这些动物，该怎么度过呢？

大雪终于被这些动物们盼来了。雪不停地下着，地上的雪积得越来越厚，整个冬天都不会再融化了。大地被裹上了一层厚厚的银装。踏入这片雪海的人类，也会被积雪没到膝盖。对于那些稍微小点儿的鸟类——花尾榛鸡、黑琴鸡、松鸡来说，

读书笔记

❶比喻
说明鼹鼠的爪子很锋利，但是却挖不动冻土，说明冻土着实很硬。

它们的脑袋都没有办法伸出雪面。其他不冬眠的穴居小动物，包括田鼠、鼩鼱等都从冰冷的洞穴里爬了出来，在雪海里欢快地奔跑。凶猛的伶鼬活像一头缩小版的小海豹，在雪海底下不知疲倦地钻来钻去。偶尔，它会把头露出雪面，打量一下四周，看是否有花尾榛鸡之类的猎物。<sup>①</sup> 如果发现了猎物，它就会一头扎进雪海，神不知鬼不觉地从雪里潜到猎物的跟前，捕食猎物。

**❶ 动作描写**
说明伶鼬动作敏捷，非常聪明。

雪底要比雪面上暖和得多，因为厚厚的雪就像厚厚的棉被一样，阻隔着刺骨的寒气，使得寒气不能入侵到地底下。很多穴居的动物，像老鼠，干脆把自己的巢穴筑在这雪海底下，住在雪海底，像是到了别墅，动物们可以温暖安心地过冬。

原来有更令人惊奇的事——有的窠里还轻轻地冒着热气呢，原来是一对短尾巴田鼠用细草和绒毛在雪底的灌木枝上搭了一个小小的窝。而此时，积雪深处的小窝里，有几只刚出生的田鼠幼崽，它们没有长出皮毛的身上滑溜溜的，眼睛也没睁开。那时，外面的天气正冷得厉害，气温都达到了零下 20 摄氏度左右！

## 冬季的中午

**❷ 环境描写**
说明周围非常安静，没有出来活动的动物。

<sup>②</sup> 正月的一个中午，阳光明媚，照耀着整个大地。树林里被皑皑白雪掩盖着，静悄悄的。熊在一个隐蔽的洞穴里睡得正酣。它头顶上面的乔木和灌木被积雪覆盖着，压得弯弯的，各种形状的冰块挂在了枝杈上，好像很多稀奇古怪的宫室尖顶房和塔形小屋，有圆形拱顶、空中走廊、庭阶、窗户等。数不尽的小雪花在阳光的照耀下，闪耀着钻石般的光芒。这一切看上去都是那么的熠熠生辉。

突然，一只小东西翘着尾巴从地底下钻出来：这是一只有

着尖尖的喙的小鸟。① 这只小鸟发出了悠悠的鸣叫声,扑打着翅膀,飞到了一株云杉的树顶,它那清脆的歌声响彻整座森林。

此时,一只闪着绿光的、睡眼蒙眬的眼睛出现了……就在白雪构筑的小房子窗口,像是在窥探:难道春天已经降临啦? 其实那是熊的眼睛。熊很聪明,为了窥视森林里发生的事情它会在自己的洞穴朝着地面的墙壁上留一扇小窗。这时,它看了看没有发现什么异常情况,这个小屋也暂时安全……窗口那只眼睛消失了。

冰雪枝头上的小鸟叽叽喳喳地唱了一阵,可能是累了,它又钻回了树桩里,那里有属于它自己的安乐窝。安乐窝是用苔藓和绒毛构筑的温暖的小屋,舒适安逸。

# 冬季的农场生活

寒冷的冬季,树木们都沉睡了。② 曾经喧闹的森林里,小动物们的欢歌笑语也没有了。它们的血液——树汁——也凝固了。

此时,树林里,回响着锯子不知疲倦的"吱咯"的声音。这是到了工人们伐木的季节,因为冬季采伐的木材质量最好,干燥且结实耐用。

他们把采伐的木材搬到附近的河边,等到春天来了,消融的河水就会把它们带到远方。因此,人们会往厚厚的积雪上泼水,像浇溜冰场一样,这样就可以修筑出一条宽阔光滑的冰路。

农场里,人们在挑选种子,察看庄稼幼苗,为了春种而准备着。

对于田野里的灰山鹑们来说,此时很难找到食物,它们必

❶动作描写
说明小鸟的声音悦耳,响彻整个森林,说明鸟儿的声音很有穿透力。

❷对比
森林曾经的喧闹和现在没有小动物的欢笑声,形成鲜明对比,说明了寒冬的肃静。

须刨开厚实的积雪，但是这是件很难的事情，因为雪层下边还有坚硬的冰层呢。① 它们没有锐利的爪子来扒开冰层。所以它们常飞到村子里的打谷场附近觅食，希望在积雪里找到想要的食物。

对于人们来说，捕捉灰山鹑是非常容易的，但也是违法的。在冬季捕捉这些软弱无助的鸟儿是法律禁止的。

冬季，也会有些细心善良的猎人来喂这些鸟儿呢！他们在田野里给灰山鹑搭建食堂——是用云杉树枝搭建起来的小窝棚，还会在里边撒上些吃的，如燕麦和大麦。

因此，即便是在最严寒的冬季，那些美丽的灰山鹑，也不会饿死。

次年夏天，每一对灰山鹑夫妇都会孵育出二十多只小山鹑来。

发自尼·巴甫洛娃

**①叙述**

因为山鹑没有锋利的爪子，所以没办法扒开雪层下的冰层寻找食物。

## 铁路两旁的"绿色林带"

② 笔直的铁路两旁种植着高大的云杉树，它们排列整齐地延伸着，有几千米长。我们称之为"绿色林带"。它们像国防官兵一样保护着铁路线，使其免遭风雪的侵袭。春天来临，铁路工人们为了扩大这条"绿色林带"，要种植成千上万棵小树。这几年，他们种下了云杉、合欢、白杨，总数达十万多棵。对了，还有将近三千棵的果树。

这些树苗可都是铁路工人们辛苦培育出来的，他们有自己的苗圃。

**②列数字**

说明种植了很多云杉树。

# 农场要闻

## 耕雪还是耕地

昨天，我去拜访一位叫米沙·戈尔申的老同学，他住在启明星农场，是一位拖拉机手。

米沙的妻子给我开了门，她是一个很幽默的女人。

"米沙正忙着耕地呢，还没有回来。"米沙的妻子说。

① 我心想："幼儿园的小朋友都知道，谁会在冬天耕地啊，冬天是不能耕地的。她是在跟我开玩笑吧，但是这也开得太离谱了吧！"

于是，我也半开玩笑地问她："你说的是在耕雪吗？"

米沙的妻子微笑着回答："对的啊，冬天只能耕雪了，不然能做些什么呢？"

之后，我就去无际的田地里尝试着找米沙，令我吃惊的是，我找到了米沙。米沙驾驶着拖拉机，后边还拖着一个长长的木箱。木箱的作用是把雪聚拢起来，从而堆成一堵结实的雪墙。

我好奇地问："你这么做有什么用呢，米沙？"

② "雪墙是用来挡风的，如果没有它，狂风就会在田地里肆虐，把积雪卷跑。没有雪，秋天种下的作物就会被冻死。因为必须把地里的雪圈住，所以我正在用拖拉机耕雪。"米沙说。

## 冬天作息时间表

农场里所有的牲畜睡觉、进食、散步都需要按照冬季固定的作息时间表执行。

一个叫玛莎·斯米尔诺娃的4岁的小朋友对我说："我上幼儿园了，那是不是跟我一般大的牛儿和马儿也上了幼儿园呢？

**❶心理描写**
说明米沙的妻子是在开玩笑。

**❷语言描写**
说明雪墙的作用非常大。

它们会跟我们一样出去散步，对吗？我们放学回家了，它们也、一样都回家了，对吗？"

# 城市新闻

## 不留痕迹的踏雪之旅

温度计里的水银柱升到零度，意味着这是个阳光明媚的好日子。此时，花园里、林荫路上和公园里，会看到许多的小苍蝇从雪底下爬了出来，它们没有翅膀。

白天，它们会在雪上翻来滚去。到了晚上，它们就会躲到冰雪的夹缝里。

它们住在既安静又暖和的落叶或苔藓下面。

它们太小，身体太轻，以至于不会在雪地上留下任何足迹。人们只有在高倍放大镜下才能看到：它们长着长长的嘴巴，头上有奇怪的犄角，腿脚上有纤细的绒毛。

# 国外新闻

从我们这儿飞出去的候鸟，它们的生活情况是怎样的呢？《森林报》编辑部常收到一些来自国外的相关消息。

我们这里著名的歌手——夜莺，它过冬的地方是在非洲中部。住在埃及的是百灵鸟。有几批椋鸟会前往法国南部、意大利和英国旅行。

①俗话说："在家万事好，出门事事难。"这些候鸟飞到异国他乡过冬，只是忙着吃喝，没有美妙的歌声，不筑巢，也不会繁衍后代。它们只是静候着春天的到来，因为到那个时候，

**❶引用**
通过引用俗语说明候鸟在异乡事事做不好。

它们就能回到自己的家乡了。

## 鸟儿过冬的"天堂"——埃及

到了冬天，鸟儿就会飞向埃及。自然条件优越的埃及对于栖息的鸟儿来说好比"天堂"。<sup>①</sup>波澜壮阔的尼罗河的无数支流好比人类的血管一样，河流经过的地方积满了厚厚的淤泥，孕育了肥沃的牧场和农田。在温暖的地中海气候下，各种淡水湖、咸水湖弯弯曲曲地形成一个个海湾。这里能给鸟儿带来丰盛的食物，招待成千上万只的候鸟都不成问题。冬天，远方的候鸟会飞来这里，到了夏天，这里的鸟儿就更不计其数了。

这里，鸟儿拥挤的情形像是全世界的鸟儿都聚集在此一样。

尼罗河的支流上，密密麻麻地栖息着各种鸟儿，远远望去，都看不到水面。鹈鹕的嘴巴下长着一个大肉袋，它正和灰野鸭、小水鸭一起捕鱼呢！鹬鸟一点儿也不羞怯地在漂亮的火烈鸟群里游来游去。令鹬害怕的是凶猛的白尾金雕或非洲乌雕，如果它们飞来，鹬会吓得四处奔逃。

这里的飞禽数不胜数。难以想象，假如有人在湖面上开一枪，会是怎样的情形？它们扇动翅膀发出的声音，好比几千面大鼓一齐擂响。飞起来的鸟群可以把太阳遮住，湖面像笼罩了一大片乌云。

冬季，我们的候鸟就这样悠闲快乐地在舒适的"天堂"生活着。

## 塔雷斯基禁猎区

我国辽阔的土地上，也有一处不逊色于非洲埃及的鸟儿乐园，那里也聚集着很多鸟儿。跟埃及一样，我们这里生活在沼泽地里的鸟儿和许多水禽都在那里过冬，你也能看到成群的鹈

❶比喻
说明了河流对大地的作用非常大。

🖊读书笔记

🖊读书笔记

鹕和红鹤，数不清的野鸭、大雁、鹬、鸥以及猛禽。

在那里，一年四季都能给鸟儿提供充足的食物。即使现在是酷冷的寒冬季节，那里也丝毫没有冬天应有的漫天风雪以及刺骨的严寒。①有的只是风平浪静的湖泊、温暖的大海、满布淤泥的浅海湾、丰美的草原、大片大片的芦苇和茂密的灌木丛。

夏天，我们的候鸟需要飞到那里休息。因此，那里是不允许任何猎人去打猎的，属于禁猎区。

那里位于里海东南岸的阿塞拜疆共和国境内的林柯拉尼亚附近，是我们的国家级自然保护区，被称为"苏联的塔雷斯基禁猎区"。

**❶举例说明**
说明了这里的冬天不一样。

## 轰动南非的消息

前不久，南非发生了一件令人们吃惊的大事，并且轰动了整个国家。人们在一群落下的白鹳中发现只有一只脚上戴着白色金属环的白鹳。

"莫斯科，鸟类学研究委员会，A组第195号。"这是人们在捉到这只白鹳后，在白色金属环上发现的字迹。

很快，这则消息被刊登在了报纸上。我们的通信员通过白色金属环上的信息了解到这只白鹳今年的冬天是在什么地方度过的。（参阅《森林报》第七期来自森林的第四封电报）

**❷叙述**
说明为什么要给鸟戴脚环。

②这种给鸟戴脚环的办法是科学家们为了了解鸟儿们冬天的飞行线路，经过哪里以及各种不为人知的情况而想出来的。

世界各国的鸟类学研究机构，为了这个目的，会制作各种型号的金属环，并在上面刻上研究机构的名称、按环的型号分成的组别和编号。假如戴着这种金属环的鸟儿被捕捉到或者被打死了，应当按照金属环上的标识内容，报告给相应的研究机构，或者在报纸上刊登出这则消息。

# 东西南北无线电呼叫

## 我们在呼叫！

你们好！列宁格勒《森林报》编辑部欢迎你们收听。

今天是 12 月 22 日，正好是冬至。我们将在全国各地举行最后一次无线电通信活动。

草原、森林、苔原、沙漠、高山、海洋等都被我们邀请来参加。

①冬至这一天，是今年一年中白天最短，黑夜最长的一天。现在，请你们告诉我们：你们那里都发生了哪些事？

收到请回复！收到请回复！

## 来自北冰洋岛屿的回电

现在正值寒冬，黑夜最长。太阳公公向我们挥手再见，好像在说我们来年春天再见，说完它就沉到大洋里去了，这个冬天我们都不会看见它了。

岛屿的苔原上和大洋的表层全部覆盖上了厚厚的冰雪。

②还有动物会在这样寒冷的冬天活动吗？

答案是肯定的。有一些海豹生活在北冰洋的冰层下面。它们为了能呼吸新鲜空气，会在冰层上打一些通气孔。它们会一直保持通气孔的畅通，每当通气孔快要被薄冰封住的时候，它们就会用嘴巴撞开冰层。偶尔，它们也会爬上来在冰面上歇一会儿，睡一会儿。

此时，偷偷靠近它们的还有雄性北极熊。雄性北极熊不需

❶叙述
　　说明冬至这一天很特殊。

❷设问
　　提出问题，让读者提起兴趣往下读。

要冬眠，而雌性北极熊则要钻进寒冷的冰窟窿里冬眠。

还有一种动物叫短尾巴旅鼠。它们喜欢生活在积雪下面，还会挖出很多通道，因为积雪下会有细草，它们以此为食。躲在雪底下的它们看起来似乎很安全，但有时也会遭到北极狐的袭击。

北极狐嗅觉相当灵敏，它还喜欢捕食苔原雷鸟。当苔原雷鸟在雪地睡觉的时候就会被北极狐捉住并吃掉。

**❶侧面描写**
说明这里的冬季非常寒冷。

这里只有海豹、短尾巴旅鼠、北极狐、苔原雷鸟和北极熊，除了它们就没有其他鸟兽了。①驯鹿是比较能耐寒的。但是在冬季来临之前，它也会离开这个寒冷的地方，去寻找原始密林。

整个冬天，这里都没有太阳，一直是漫长的黑夜。人们如何在这样的环境下看东西呢？

尽管这里没有太阳的照射，但也挺亮的。明亮的月亮高挂在天空中。这里也经常会出现五光十色的北极光，看上去美丽极了。

**❷排比**
说明了极光的变幻莫测。

这种极光既神奇又神秘。它不是一种单一的色彩，而是会不停地变换颜色：②时而像彩带铺满整个天空，时而像直泻的瀑布，时而像高耸的利剑直刺天穹。地面上的白雪在极光的照耀下也变得光芒四射，与极光交相辉映。此时的天空就像白天一样明亮。

**✎读书笔记**

有人问："这里寒冷吗？"答案是肯定的。暴风雪肆虐着，不仅冷，而且冷得刺骨。我们的房屋时常会被暴风雪刮得埋在雪里，导致我们一个星期都不能出门。还好，我们勇敢的人民是不会被任何困难打倒的。

## 来自顿河草原的回电

这里，冬天很短，河流也不会被冰冻住，所以不是那么寒冷。偶尔下点儿小雪，但对我们这里几乎没什么影响。

北方的野鸭和秃鼻乌鸦迁徙到这里就舍不得离开，因为我们的小镇上和城市里有充足的食物，能够持续给它们供食到三月中旬呢！到那个时候，它们才会选择飞回故乡。

还有一些遥远的客人也会来我们这里过冬，如角百灵、铁爪鹀及个头很大的雪鹀。①雪鹀喜欢白天出来觅食，因为在苔原那边，基本没有黑夜，全是白天。

❶叙述
解释了雪鹀为什么喜欢在白天觅食。

冬天，辽阔的草原银装素裹。农活可以告一段落了。但我们的矿工需要在深深的矿井里开着机器挖煤，之后借用电力把煤送到地面上。火车会将煤运输到全国各地的工厂。

## 来自新西伯利亚森林的回电

新西伯利亚原始森林到了冬季就变成了狩猎的季节。积雪变得很厚，成群的猎人们会拖着轻便的雪橇，踏着滑雪板，载着食物和生活用品，带着猎犬在雪地里欢快地奔跑。这些都是北极犬，头上竖着一双高高的尖耳朵，身后卷曲着一条蓬松的尾巴。

②此时，森林变成了动物们的乐园。这里有很多珍贵的黑貂、毛茸茸的猞猁、可爱的雪兔、健壮的驼鹿、雪白的白鼬，还有棕黄色的鸡貂（上好的毛笔就是用它的毛制成的）。还有数不清的火红色的火狐和棕黄色的玄狐，以及人们爱吃的美味——榛鸡和松鸡。

❷列举说明
通过列举森林里住着的各种各样的动物，说明森林的动物很多。

熊早已钻进了准备好的隐蔽的洞穴里，开始了漫长的冬眠。

猎人们在森林里会待上几个月，他们会在提前修建好的小木屋里过夜。这个季节，白天很短，因此整个白天他们都会在

**❶外貌描写** ⋯⋯⋯
通过对猎犬的眼睛、嗅觉、耳朵的描写，说明了猎犬明白自己先天的优势。

林子里设置陷阱来捕捉各种动物。①猎犬们也会利用它们的先天条件：铜铃般的眼睛、灵敏的嗅觉、天线般的耳朵来帮助主人寻找松鸡、灰鼠、黄鼬、驼鹿和冬眠的熊等。

狩猎结束之后，猎人们会带着各种猎物高兴地回家去。

## 来自卡拉库姆沙漠的回电

我们这儿的沙漠有时并不完全是沙漠——春季和秋季，这里生机盎然；而夏季和冬季，这里则荒芜死寂。

夏季，这里热浪灼人，鸟兽找不到一丁点儿食物；冬季，这里除了刺骨的严寒，什么都没有了。

**❷外貌描写** ⋯⋯⋯
通过对猎犬的眼睛、嗅觉、耳朵的描写，说明了猎犬明白自己先天的优势。

每到冬天，各种动物飞的飞，走的走，纷纷离开了这个可怕的地方。就算明亮的太阳仍然在这片雪原上升起，也没有什么飞禽走兽来欣赏这明朗的太阳和洁白的雪。②即使太阳融化了积雪，那又能怎样呢？这里的雪底下只是一粒粒没有生命的沙子。乌龟、蜥蜴、蛇，各种昆虫，甚至是老鼠、黄鼠、跳鼠等温血动物，都钻进沙子里冬眠了。

暴风雪继续在这里肆虐着，没有什么能够阻挡它，因为在冬天它才是这片沙漠的主宰。

幸好，这种情况不会一直持续下去。人类正在征服沙漠：他们开河筑渠，植树造林。我们相信在不久的将来，即便是在夏季和冬季，这片沙漠也会充满生机。

## 来自高加索山区的回电

我们这里的季节不会分得那么清楚，在夏天会看到冬天的景象，在冬天也会看到夏天的景象。

我们这里有两座很高的山，它们分别叫卡兹别克山和厄尔布鲁士山，因为它们高耸入云，所以常年被积雪覆盖着。哪怕是到了炎热的夏季，那里的冰雪也不会被晒化。<sup>①</sup>而在冬季，这里的群山连绵蜿蜒，像屏障般挡住了寒气的入侵。因此，山谷里百花盛开，会让你感觉很温暖。

冬季，羚羊、野山羊和野绵羊会从山顶下到山腰，因为半山腰不是那么寒冷。山顶飘着鹅毛大雪，山谷里却下着温暖的雨。

前段时间，我们把从果园里摘的橘子、橙子、柠檬等水果交给了国家。在我们的花园里，无数蜜蜂飞来飞去，跳着优美的舞蹈。玫瑰花们含苞待放。暖暖的太阳照射在山坡上的时候，你就会看见雪莲花、蒲公英都已经绽放。这里，鲜花常年盛开，每个季节母鸡们都会下蛋。

<sup>②</sup>冬季到了，山顶上的生物面临的是饥寒交迫，但是我们这里的鸟兽不需要迁徙到遥远的南方过冬，它们只需走到半山腰或者山谷里，就能找到充足的食物，避开寒冷的冬天。

当然，我们高加索地区也会迎来一些从北方来的有翅膀的客人。我们会为这些来避寒的难民们提供舒适的环境和充足的食物。

来这里过冬的鸟儿有：苍头燕雀、椋鸟、百灵、野鸭，还有长嘴巴的丘鹬。

今天是冬至——一年中白天最短、黑夜最长的一天。很快我们也会迎来新的一年，那时候，白天将会阳光灿烂，夜晚会繁星满天。在我国最北部的北冰洋，当地人不仅不能出门，而且还经常遭受暴风雪的肆虐。而我们这里恰恰相反，我们不需要很厚的棉衣，薄薄的单衣足矣。<sup>③</sup>这里的风景很美，白天，我们能看到一座座宏伟的山峰；晚上，我们可以欣赏到一轮明月。

**❶比喻**

写出不受严寒入侵的原因。

🖋**读书笔记**

**❷叙述**

说明山顶和山下的气候差异大。

**❸景物描写**

生动地描写了白天和黑夜的美丽景色，表达了作者的喜爱之情。

# 来自黑海的回电

优美的景色啊！海岸被黑海的波浪轻轻地拍打着，沙滩上的鹅卵石被海浪抚摸着，偶尔轻轻地翻动身体，奏出一首轻柔的催眠曲。月牙儿那纤细的身影映在了幽暗的水面上。

在暴风季节，大海会狂躁不安，礁石被滔天的巨浪猛烈地冲击着，就像演奏着狂放的歌曲，让人听起来澎湃汹涌。还好只是秋天会这样。到了冬季，我们就很少会被狂风打扰了。

**❶动作描写**

展现出海上一片热闹的氛围。

黑海好像没有真正的严冬。到了冬季，海水只是微微变凉，只有北部海岸上会在短时期内结一层薄冰。① 其余时光，大海里都会十分热闹：欢快戏水的海豚，水中一来一去捕食的黑鸬鹚，还有雪白的海鸥在天水一色的空中翱翔。海上，来来往往的豪华汽船和邮轮，飞驰而过的摩托快艇，滑行穿梭的帆船，数不胜数。

潜鸟、潜鸭及嘴巴下长着一个大口袋的鹈鹕，它的身体是粉红色的。它们都是来我们这里过冬的鸟儿。因此，不分冬季、夏季，黑海一直生机盎然。

# 《森林报》编辑部总汇

这里是列宁格勒《森林报》编辑部。

你们听到了我国各地春夏秋冬各不相同的情况。

**❷叙述**

说明了山川的面积非常广。

你可以选择自己想去的地方。② 你无论走到哪里，或者在哪里定居，都会看到无处不在的锦绣山川。你也可以去勘探、研究，发现我们国土上新的美景和新的资源。这些工作都在等着你来完成，让我们为建设美好的新生活而努力奋斗！

我们今年第四次也是最后一次全国各地无线电大呼叫到此结束。

再见，再见！

我们明年再见！

# 打靶场

## 第十场竞赛

1. 冬季是从哪天开始算起的？有什么特征吗？

2. 有一种食肉动物的足迹里看不到爪印，这种动物是什么？为什么看不到？

3. 哪些皮毛珍贵的野兽不被渔民喜欢？

4. 树木在冬天还会生长吗？

5. 初雪之后猎人才会喜欢去打猎，这是为什么呢？

6. 在雪底下过夜的都有哪几种鸟儿？

7. 冬天的时候打猎，在森林和田野穿什么颜色的衣服最合适？

8. 兔子奔跑时，为什么脚印在前的是后脚，在后的是前脚？

9. 冬天候鸟飞往南方需要筑巢和孵化小鸟吗？

10. 请看下图，这是什么动物在雪地上留下的？

11. 在森林里，有一种鸟的眼睛是靠近后脑生长的，你知道是什么鸟吗？为什么会长成这样？

12. 森林里，黄鼠狼和狐狸不吃哪一种小动物？

13. 猎人在打死的兔子背上发现猫头鹰或鹞鹰的爪印，你知道这是为什么吗?

14.请看下图,这是一只被猎人打伤的鹿留下的脚印,你们能看出小鹿哪里受伤了吗?

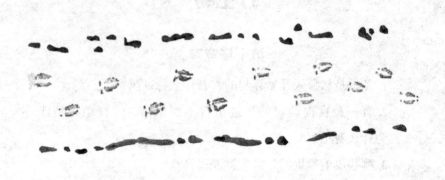

精华赏析

本章主要写正式进入冬天后的景象:到处都被积雪覆盖,小动物们出来会在雪地上留下各种各样的印记。大雪覆盖了草场、农场,大雪之下依旧存在着生命。

延伸思考

1.狼的脚印是什么样的?

2.狼和熊谁怕谁?

3.把戴着编号金属环的鸟儿打死了或捕捉了,应该怎么办?

相关链接

丘鹬属于鸟纲，鹬科。体长近四十厘米。喙长而直。体羽以淡黄褐色为主，上具黑色带状横纹。尾羽黑色，并散有锈色红斑，其末端上面黄灰，下面白色。眼大而显。常栖息阴湿森林、草原或其他低湿地区。多在夜间单独活动。杂食昆虫、蠕虫和细根、浆果等。

# 饥寒难耐月

名师导读

　　在寒冷的冬天，食物非常紧缺，小动物们觅食非常困难。看看小动物是怎么度过寒冬的吧。

## 太阳诗篇——1 月

　　俗话说，1 月是冬天走向春天的过渡月，是新的一年的开始，属于冬季的中间月份。

**❶比喻**
说明了白天时间变长很突然，让人来不及反应。

　　1 月，虽然阳光明媚，但是天气还是很寒冷。①过了元旦，白天像是向前跳跃着的兔子突然变长。

　　厚厚的积雪覆盖着大地、森林和冰面，整个世界银装素裹，像是酣睡不醒，一直长眠。

　　1 月是个难熬的月份，花草树木凋零，停止了生长，所有的生命好像都死亡了。

　　植物在厚厚的积雪覆盖下，给人一种死气沉沉的感觉，可实际上，它们蕴藏着最顽强的生命力，正在为来年更好地生长和绽放做着充足的准备。松树和云杉将它们的种子紧紧地包裹在拳头状的球果里。

那些冬眠的小动物都属于冷血动物，它们没有死亡，只是在安静地酣睡着。哪怕是弱小的螟蛾，也不会死亡，它们会躲进不同的藏身之处。

鸟类不需要冬眠，它们属于温血动物。还有很多像小老鼠一样的动物在整个冬天都会不停地忙碌着。寒冷的 1 月，厚厚积雪下的洞穴中酣睡的母熊，竟然可以产下一窝还没有睁眼的小熊崽。它整个冬季都不吃不喝，但也有充足的乳汁喂养这些熊宝宝，一直喂养到春暖花开。你们觉得这件事奇怪吗？

读书笔记

# 林中纪事

## 寒风凛冽的森林

田野里、森林里被凛冽的寒风肆虐着，白桦林和山杨林看起来光秃秃的，也受到了寒风的侵袭。虽然鸟儿长满了羽毛，但是刺骨的寒风会使它们的血液变得冰凉。

这个季节到处是积雪，无论地上还是树枝上，都没有鸟儿的栖息之地，因为它们的小脚爪会被冻得受不了。为了使自己的身体暖和点儿，它们必须不停地跑跳或者不停地飞翔。

动物们如果在冬天能有个温暖舒适的巢穴或者栖息之地，还能吃饱喝足的话，那么它们就会觉得生活特别惬意。<u>①吃饱之后，把身子蜷缩成一团，睡上一觉，那该是多么幸福的事啊！</u>

❶动作描写
写出了动物冬眠的惬意。

## 饱餐能提供热量

只要能让飞禽走兽们饱餐一顿，那么任何问题都不用担忧。食物能为它们提供热量，会使身体发热，血液温度也跟着上升，一股暖意就会通过血管传遍全身。<u>②它们皮肤下边的脂</u>

❷比喻
说明了动物脂肪的防寒作用。

191

肪相当于人类大衣里的厚衬，或者像是羽绒服里的夹芯。哪怕寒气可以钻进羽毛，透过皮毛，也不会穿过那层厚厚的脂肪。

在寒冷的冬天，鸟兽们只要有充足的食物，就不会害怕严寒的侵袭。但是，冬天去哪里找食物呢？

森林早已变得空空荡荡，各种飞禽走兽走的走，藏的藏，只有狐狸和狼还在森林里不停地徘徊，寻觅着食物。白天，只有来回穿梭的乌鸦嘎嘎地叫着；晚上，只有雕鸮在林子里飞着。它们都在努力寻找食物，可总是一无所获。

森林里的动物们的肚子都变得饥饿起来，真的很饿！

## 依次饱餐

有一匹死去的马被乌鸦发现了。

一大群乌鸦嘎嘎地叫着，飞到马的跟前准备享用它们的大餐。

<u>①夕阳虽美丽，早已近黄昏，暮色降临，月亮还没完全露出容颜。</u>

突然，森林里传来奇怪的叹气声：

"呜……呜呜……"

原来是雕鸮飞了过来，吓得乌鸦赶紧飞走了。

雕鸮看到了那匹死马，使劲儿地撕扯起它身上的肉。雕鸮头上的羽毛直竖起来，圆圆的眼睛眨着，正要享受美味，却听到沙沙的脚步声。

雕鸮也被吓得飞到了树枝上。原来是一只狐狸跑到了死马跟前。

狐狸开始咔嚓咔嚓地撕咬着马肉，可还没吃个痛快，狼突然跑了过来。

狐狸吓得钻进了灌木丛中。狼看到了死马，身上的毛都竖

📖 读书笔记

❶景物描写
　　描写了夜晚快要到来时的美丽景色，为下文小动物依次来享受大餐做了环境渲染。

了起来，兴奋地用锋利的牙齿撕扯着马肉。四周的声音全被它吃肉的声音盖过了。它偶尔会抬起头，牙齿咬得咯咯响，像是在提醒周围的其他动物：谁也不许过来跟我抢！接着，把头低下继续大吃起来。

① 突然，有一个沉闷的低吼声传了过来。狼跌坐在地上，夹起尾巴，然后飞一样地溜走了。

原来是熊大驾光临，它可是森林的主人。

谁也不敢接近熊。

熊在黑夜来临之前吃饱了，之后找了个舒服的地方心满意足地睡去了。那只狼没有走，还是很执着地在后边等待着。

狼看到熊走了之后，飞也似的扑到了死马的旁边。

狐狸看到狼吃饱后也冲了上来。

雕鸮看到狐狸吃饱之后也飞了过来。

雕鸮吃饱之后，乌鸦才敢飞过来。

天边微微露出晨曦，这顿免费的盛宴被这些动物依次吃得精光，只剩一点儿残渣和骨头。

**❶动作描写**
可见狼非常害怕熊。

✒ 读书笔记

## 幼芽过冬的方式

在这个季节，植物们都只能睡上一大觉，但它们可不是真正意义上的睡觉哟！它们正在孕育着新芽，准备迎接春天的到来。

② 可是，这些幼芽是如何过冬的呢？

在离地面很高的地方过冬的，都是树木的嫩芽，然而小草们的幼芽过冬的方式却是千奇百怪。

比如包裹在枯茎中过冬的是林中繁缕的嫩芽。它的叶子打秋天起就开始枯黄，整个植株看起来就像是死了一样。可令人奇怪的是，在整个冬天，它的芽都是碧绿色的，看起来

**❷疑问**
引出下文各种植物过冬的内容。

很鲜活。

厚厚的雪被下面还有触须草、卷耳及其他矮小的草儿，它们很好地保护着自己及自己的幼芽，总是穿着一身绿装迎接春天的到来。

这些小草的幼芽，离地不算高，它们都是在地面上过冬的。

还有其他的一些小草，有着一些不同的过冬方式。

艾蒿、牵牛花、草藤、金梅草和立金花等，它们的茎跟叶子都已经腐烂了，地面上什么都没留下。

①想要找到它们的幼芽，就要费一番功夫了：得到紧挨地面的泥土里找。

① **叙述**
说明幼芽把自己保护得很好。

草莓、蒲公英、苜蓿、酸模、蓍草等的幼芽被一丛丛绿叶包裹着，也是在地面上过冬。春天来临的时候，它们就会像蚕破茧似的破雪而出。而鹅掌草、铃兰、舞鹤草、柳穿鱼、狭叶柳叶菜和款冬等的幼芽长在根状茎上，它们把自己的小芽保存在地下的茎里。紫堇的幼芽长在小块茎上，野大蒜和野葱的小芽则长在鳞茎上。

陆地上的植物就是以这些方式保护着自己的幼芽，让其顺利过冬的。而那些水生植物，它们保护幼芽的方式就是埋进池塘和湖泊底部的淤泥里。

发自尼·巴甫洛娃

## 我和爸爸去打猎

一个寒气逼人的清晨，爸爸要带我外出打猎。爸爸看见雪地上有很多脚印，便说：②"这些脚印都是动物们新留下的，肯定有一只兔子在离这儿不远的地方。"

② **语言描写**
说明爸爸的狩猎经验很丰富。

爸爸留在原地，让我沿着兔子的脚印找。爸爸知道兔子有种习惯——它被人从藏身的地方撵出来后，会先兜个圈子，然后再沿着自己的脚印往回跑。

于是，我按照爸爸的要求，沿着兔子的脚印往前走。兔子在地上留下了很多脚印，但是我坚持前行。终于我看见一只兔子正躲在一棵柳树下面。①我将兔子赶了出来，兔子被吓得绕了一个圈儿，然后踩着自己的足迹往回跑。我焦急地等待着枪。时间一分一秒地过去了，突然，一声清脆的枪声在我耳边响起。我赶紧朝着枪响的方向跑去，在离爸爸大概十米的地方，我看见一只兔子倒在了地上。我和爸爸带着战利品兴高采烈地回家了。

**❶动作描写**
形象地描写出兔子惊慌失措的状态。

发自驻森林通讯员 维克多·达尼连科夫

## 从森林逃走的野鼠

森林里的野鼠们在冬季储备的食物很少。它们逃出自己的洞穴，是为了躲避白鼬、伶鼬、鸡貂和其他食肉动物的捕食。

②但是，现在的森林和大地银装素裹，都被积雪覆盖着，哪儿有东西吃呢？因此，饥饿的野鼠们成群结队地离开森林。可是这样的话，人们的粮仓、谷仓就要遭殃了，所以大家要时刻警惕着。

**❷反问**
说明野鼠们是很难找到食物的。

偶尔，伶鼬等食肉动物会循着鼠迹而来。可它们的数量很少，不能将所有的野鼠全部捕光，以彻底消除鼠害。

希望大家保护好自己的粮食，别被这些啮齿类动物打劫！

## 幸运的狗熊

秋天即将结束的时候，狗熊想为自己选个冬眠的洞穴。③它来到长满云杉树的小山坡上，用爪子扒下许多的云杉树皮，将树皮撕成小长条，然后送到山坡上的洞穴里，再在上面铺上柔软的苔藓和兽毛。它还会把洞穴旁边的小云杉树从根部咬断，倒下来的云杉树就盖在洞口上。狗熊把洞穴造好后，爬

**❸动作描写**
具体描写了狗熊建造自己洞穴的整个过程，可见狗熊非常聪明。

---

进去打算安然地酣睡一个冬天。

可是，不到一个月的时间，猎狗发现了狗熊的洞穴。还好，狗熊这次幸免于难，没有被猎人捕杀。但它只能无奈地躺在雪地上睡觉。这样也还好，有利于它观察四周的情况，但它还是被猎人发现了。命悬一线之际，它又侥幸逃脱了。

它不得不躲起来。然而这一次，谁也没找到它藏身的地方。

到了次年春天，人们才发现了它。看来这只狗熊很聪明啊，竟然爬到了高高的树上睡大觉。这棵树的枝干被暴风吹折过，上面的枝杈倒垂下来，时间长了，树枝根处就形成了一个凹坑。夏天的时候，有一只老鹰叼来干枝和软草，在这里筑巢，孵完雏鹰，就飞走了。这只幸运的狗熊发现了此处，于是爬进了这个空中的"洞穴"里安然过冬。

# 城市要闻

## 善良的居民

**①叙述**
说明了人们对鸟儿的爱护。

① 心地善良的居民总是会在这个寒冷的季节，给那些忍饥挨饿的鸟儿们免费提供食物：有的人会把食物放在花园里和自家的窗台上；有的人会把面包片和牛油之类用线串起来，挂到窗外；还有的人会把装着饭粒和面包屑的小筐子放在花园里。

白颊鸟、青山雀及其他鸟儿，常常来享用这些食物。有时，比较珍贵的黄雀和红雀也会来。

## 学校里热闹的生物角

**②叙述**
说明孩子们非常喜欢小动物。

无论在哪所学校，你都会看到有个生物角。生物角放着有很多的箱子、罐子和笼子，里边养的全是孩子们在野外捕捉到的各种小动物。② 现在，孩子们为了照顾这些小动物，需要做

读书笔记

很多事情：及时地给小动物们充足的食物和水，安排适合它们住的地方，小心地看着它们，以防它们逃走。这里有兽类、鸟类，还有蛇、青蛙和各种昆虫等。

在某所学校里，我们还看到了孩子们日记里的相关记载。由此来看，孩子们捉这些小动物并不是随便玩玩的，他们是经过慎重考虑的。

6月7日的日记中写着："今天，我们在宣传栏里贴出了通知，需要大家把收集来的所有动物交给值日生。"

6月10日，值日生记录道：[①]"有只啄木鸟是塔拉斯送来的。一只甲虫是米罗诺夫交来的。一条蚯蚓是加甫里洛夫送来的。一只瓢虫和一只粘在荨麻上的小甲虫是雅科夫列夫带来的。一个笼子是鲍尔肖夫带来的，里边还装着一只篱雀的雏鸟……"

日记里几乎每天都记录着这些相关的内容。

"6月25日，我们去池塘边玩耍，还捉了许多蜻蜓的幼虫和其他的虫子。另外，一只蝾螈也被我们捉到了——它是我们很需要的小动物。"

捕捉到的动物还会被孩子们仔细地描述一遍。

"许多水蝎子、松藻虫，还有青蛙也都被我们捕到了。青蛙有四条腿。眼睛是黑色的，鼻子有两个小孔。青蛙的耳朵很大，它属于有益的动物，会帮助人们捕捉害虫，所以我们要保护它。"

冬天，孩子们还会凑钱去商店买些其他动物，如乌龟、金鱼、天竺鼠及各种毛色鲜艳的鸟儿。[②]你如果走进生物角，就会听到它们的喧嚣声：有的在啼鸣，有的在尖叫，有的在哼哼唧唧。这些"房客"，有毛茸茸的，有光溜溜的，有长翅膀的，也有不带翅膀的。这里看起来真像是个动物园。

还有些低年级的学生会想出很多好的办法，例如交换饲养

**❶排比**

通过举例说明大家交上来的动物是各种各样的，说明大家都很积极地在收集。

**❷排比**

生物角有各种各样的鸟儿，不同的叫声、不同的羽毛，说明了商店里的动物非常多。

的动物。夏天的时候，有一所学校抓的鲫鱼很多，另一所学校养的兔子很多，多到他们已经没地方安置了，这两所学校就会互相交换：一只兔子换四条鲫鱼。

每所学校的高年级的学生，基本都会有属于自己的组织——少年自然科学研究小组。

❶排比
说明参加活动可以让爱好科学的少年们学习到很多东西。

在列宁格勒的少年宫，也有这样的小组，每个学校都会推荐最优秀的少年科学爱好者去那里参加活动。① 在那里，他们会学习如何观察和捕捉动物，如何照顾它们，如何制作动物标本，如何采集植物，如何晾晒和制成植物标本。

在整个学年，小组成员们会经常去郊外参观游览。特别是夏季，他们会离开列宁格勒，到外地去考察，有时甚至要在那里住上一个月。他们有着明确的分工：采集各种植物标本由研究植物学的组员们负责；捕捉老鼠、刺猬、鼩鼱、小兔子和其他的小动物由研究哺乳动物学的组员们负责；寻找鸟巢，观察鸟儿的活动由研究鸟类学的组员们负责；捕捉青蛙、蛇、蜥蜴、蝾螈由研究爬虫学的组员们负责；捕捉鱼并观察各种水生动物当然就由研究水族学的组员们负责；捕捉蝴蝶、甲虫，研究蜜蜂、黄蜂、蚂蚁等的生活习性就由研究昆虫学的组员们负责。

这些热爱并学习米丘林（苏联植物学家、园艺学家）的孩子，还在学校的试验田里种植了许多果树和林木。虽然园子不大，但是每到丰收的季节，我们都会从他们脸上看到喜悦的表情。

他们都会用写日记的方式来记录自己观察的结果，并总结自己的心得体会。

❷叙述
描写少年们不管身在何处都坚持不懈地钻研着，说明了少年们对祖国的热爱。

② 别看这些少年自然科学研究者年纪小，但无论刮风下雨，还是酷暑严寒，他们都不曾停下；不管对田野、草地、河

流、湖泊，还是农场的生活，他们都产生了极大的兴趣。他们还在努力研究着祖国丰饶的物产资源。

他们这一代是充满智慧的，是前所未有的崭新的一代！他们是祖国的花朵，正在一天天苗壮成长，他们就是未来的科学家、研究人员、猎人、大自然的改造者！

### 与槭树同龄

今年，我已经 12 岁了，那些居住在城市街道两旁的槭树和我同岁。它们是少年自然科学研究小组的成员们在我出生的那一天亲手种下的。

你们看，槭树的个头那么高了，已经是我身高的两倍了！

发自驻森林通讯员　谢辽沙·波波夫

# 打靶场

## 第十一场竞赛

1. 小动物和大动物谁更怕冷？

2. "狼靠四条腿活着"是什么意思？

3. 冬天砍伐的木材为什么比夏天砍伐的木材值钱？

4. 如何通过 一个被砍断的树桩去推断这棵树有多大的树龄？

5. 猫科动物（如家猫、野猫、猞猁）都比犬科动物（如狼、狐狸）爱干净，这是为什么？

6. 冬天很多鸟类和兽类都会离开森林，向有人居住的地方靠近，你知道是为什么吗？

7. 所有的白嘴鸦冬天都要离开我们这儿，飞往别处去过冬，是真的吗？

精华赏析

　　本章主要写了冬天最冷的时候，整个大地都死气沉沉，寒风到处肆虐，花草树木都枯死了，小动物们的粮食也快吃完了，还会出现冻死的动物尸体，吸引其他动物来抢食。

延伸思考

1.鸟类需要冬眠吗？

2.森林的主人是谁？

3.幼芽是怎么过冬的？

相关链接

　　蟾蜍属由头、颈、躯干、四肢和尾五部分组成。隶属蟾蜍亚目、蟾蜍科、蟾蜍属，生活在丘陵沼泽地水坑、池塘或稻田及其附近。

# 苦熬冬末月

名师导读

在严酷的寒冬岁月里，小动物都是怎么度过的呢？有的小动物被冻死了，有的小动物在寒冬里忍受饥饿，有的小动物却坚强地熬过了寒冬。

## 太阳诗篇——2 月

2 月属于冬蛰月。2 月的天气仍然很糟糕，狂风在雪原上疾驰而过，一切都被暴雪肆虐着，却不留下一点儿痕迹。

2 月是冬季的最后一个月，对所有动物而言，这是个可怕的月份，因为它们要在这个月忍受最为严峻的饥饿考验。这个月也正好是狼的发情期，附近的村庄和小镇都会被它们袭击。①狼群们为了能填饱自己的肚子，不顾一切地潜入农场，将农户们养的狗和羊都给叼走，几乎每天晚上羊圈都会遭到偷抢。其他野兽在秋天攒下来的脂肪在这个月已经耗尽了，不能保暖，也不能提供养分了，它们变得很瘦。

在洞穴内、地下仓库里，小动物们贮备的粮食，也都被吃光了。

❶叙述

解释了狼群十分饥饿，才会每晚不顾一切地去偷农户们养的狗和羊。

201

白雪——对于那些野兽——已经变成了催命的敌人，再也不能帮助动物们保暖了。树枝早已承受不住积雪的重压而被压断了。[1]但是有一些野生的鸡类，如野鸡、山鹑、花尾榛鸡和黑琴鸡，它们喜欢一头扎进这样厚的积雪里，因为可以暖和地睡上一觉。

**❶举例说明**……… 写出了野鸡们的特别之处。

但是会有一种糟糕的情况，白天积雪被暖和的阳光照射消融，到了晚上，寒气袭来，地面上会形成一层坚硬的冰壳。此时，就算你把脑袋撞扁了也无法从下面钻出来，除非地面的冰壳重新接受阳光的沐浴而融化。

2月的狂风非常猛烈，一直刮个不停，把大雪吹得满天飞窜，把能过雪橇的大道也给掩埋了……

*读书笔记*

# 林中纪事

## 是否能熬过去

冬季，对森林居民来说，最难熬的就是这个月了——苦熬冬末月。

在这个月，居民们存的粮食也都吃光了。[2]那些在秋天饱食的肥胖的飞禽走兽，如今也变得骨瘦如柴——皮下那层暖和的脂肪没有了。它们长期处于忍饥挨饿的状态，以前的活力也都不见了。

**❷形态描写**………… 写出经过了寒冬后动物们的状态。

此时，冬季仅存一个月的生命了，狂风像是故意跟动物们作对，把林子刮得不成样子。它也就在这最后一个月展现它的威风吧！鸟兽们必须要坚持住，保存好体力，只要苦熬过这最后一个月，就将会看见胜利的曙光，等待已久的暖春就将会到来。

我们的森林通讯员把整个森林巡视了一遍，他们也在担心这个问题：森林里的鸟兽可以熬过这个月，等到春暖花开吗？

通讯员们在森林里见得多了，有些森林居民熬不住寒冷和饥饿，死掉了。其他一些动物也不知道能否熬过这个月。其实，你们完全不必为它们担心，有些动物根本死不了。

## 严寒中不幸的牺牲者

狂风肆虐着，天气一天比一天冷，真的太可怕了！<sup>①</sup>这样的天气，你要是在林中，就会看到这儿一个，那儿一个，全是一些兽类、鸟类和昆虫的尸体，这些都是被冻死的动物。

那些倒在地上的树干下面的积雪被那强有力的暴风给扫出来，而躲在里边的小动物被冻死了。甲虫、蜘蛛、蜗牛、蚯蚓等小动物僵硬的尸体被暴风刮了出来。

没有雪被的保护，它们成为严寒中不幸的牺牲者。

一些鸟儿在飞行的过程中被暴风雪杀死。乌鸦是抵抗力相当强的鸟类，但是在持久的暴风雪过后，你会发现它们也被冻死在了雪地上。

<sup>②</sup>而暴风雪过后，森林里的猛禽和猛兽会出来搜寻。它们会把在风雪中冻死的动物当作美餐，吃得干干净净。

## 玻璃似的青蛙

我们的通讯员走遍了整个森林，他们将一个冻着的池塘的冰凿开了，看到许多的青蛙都藏在冰下的淤泥里，可见它们是钻到那里挤在一起过冬的。

通讯员把它们从淤泥里拿出来，轻轻一碰，青蛙那细小的腿儿就"咔吧"一声折断了，还发出清脆的响声。这些青蛙像是玻璃做的一样。

**❶环境描写**
说明了寒冬环境的恶劣。

**❷比喻**
写出了暴风雪后猛禽猛兽出来觅食，体现了适者生存的法则。

❶ 叙述

说明青蛙放在温室里很快会活泼起来。

① 我们的通讯员将几只青蛙带回了家，把它们放到了温暖的盒子里，等它们慢慢地苏醒过来。差不多一天的时间，它们就可以在地上欢蹦乱跳了。

这样看来，只要到了春天，温暖的阳光照射在池内的坚冰上将其融化，晒暖了池水，这些青蛙就会恢复到活泼又健康的状态。

## "小瞌睡虫"——蝙蝠

在托斯纳河岸边上，有一个大岩洞。以前，人们总是在那里挖沙子，可现在，却很少有人进那个洞了。

我们的通讯员进了那个洞，看见洞顶上有许多蝙蝠倒挂着，有些是普通的山蝠，还有一些是大耳蝠，它们被称为"兔耳蝠"。

这些蝙蝠在那里足足睡了 5 个月。它们头朝下，脚朝上，用脚牢牢地攀住凹凸不平的洞顶。② 兔耳蝠将自己的耳朵藏在叠起的翅膀下，那翅膀看起来就像是毯子似的把身体裹得严严实实的。它们倒挂在那儿，应该正在做美梦吧！

❷ 比喻

生动形象地描写了兔耳蝠用翅膀紧紧裹着身体的状态，说明它的翅膀有防寒的作用。

睡了这么久的蝙蝠，让我们的森林通讯员有些担心，他们还当场给蝙蝠们测了测脉搏和体温。

夏季，蝙蝠的体温跟我们人类一样——在 37 摄氏度左右，脉搏是每分钟 200 次。

而此时，蝙蝠的体温很低，只有 5 摄氏度，脉搏每分钟只有 50 次。

即使这样，我们也不必担心。这些"小瞌睡虫"们很健康，还可以很舒服地睡上一个月，甚至两个月。等到天气变暖的时候，它们就会在温暖的夜晚苏醒过来。

## 穿着轻装御寒的款冬

我在一个隐秘的角落里发现了一棵款冬，它的细嫩的茎上穿着能御寒的轻装：小叶子是鱼鳞状的，还有柔软的茸毛。它看起来一点儿也不怕冷，还绽放着花朵。人们穿着大衣都会冻得受不了，它就穿了那么点儿，也不觉得冷。

①或许你不相信我说的话，到处都是白雪皑皑，哪里会有款冬呢？

我不是已经说过了吗？它在一幢大厦的南侧的墙根下面，这里正好有一根暖气管道经过。这个角落，暴风雪吹不进来，地上的雪也融化了，露出了一块冒着热气的黑土地。我是在这样一个隐秘的角落发现它的。

可周围仍是一片严寒的状态啊！

发自尼·巴甫洛娃

**❶反问**

大地到处一片白雪皑皑，竟然会长着一棵款冬，这让人难以相信。

## 按捺不住的虫子们

天气只要不是很寒冷，哪怕积雪只有一点儿消融，各种耐不住性子的小虫子就会从森林的积雪下爬出来，有潮虫、蜘蛛、蚯蚓、瓢虫及锯蜂的幼虫等。

狂风会把森林里枯木下的积雪吹走，就像被清洁工打扫干净的大片没有积雪的院落。②这个地方如果是个僻静的角落，那么，大大小小的虫子将会到这里游乐、散步，马上这里就会成为一个游玩的聚集地。

昆虫们也需要出来活动一下早已麻木的腿脚；蜘蛛会出来寻找吃的来填饱肚子；没有翅膀的小蚊子只能光着脚在雪上奔来奔去；长着翅膀的长脚蚊则在半空中飞舞盘旋。

寒气一旦来临，这场聚会便自动终结，虫子们纷纷藏匿——有的钻到地上的落叶下面，有的钻到苔藓和草丛里，有

**❷假设**

假设院落有僻静角落，各种各样的小虫子会出来游玩，作者想象了一片热闹场景。

的则钻进泥土里。

## 冬季的海豹

　　一个渔夫从涅瓦河口芬兰湾的冰上走过时，他忽然发现有一个光溜溜的脑袋从冰窟窿下面探了出来，几根硬胡须稀稀拉拉地挂在嘴上面。

　　渔夫还以为是溺水而亡的人的脑袋从冰窟窿里浮了出来。但是，这个脑袋朝着他转了过来——渔夫这才看清，原来是一头野兽。[①]它脸上纤细的短毛在阳光的照射下一闪一闪的，脸皮紧绷，头顶上稀稀拉拉地长着几根硬胡子。

**❶外貌描写**
　　脸上的短毛、头顶上的几根胡子，这是海豹典型的外貌特征。

　　它的两只眼睛看起来贼溜溜的，直勾勾地盯着渔夫看了一会儿后，它便钻入水里，消失不见了。

　　这时候，渔夫才明白过来，那其实是一只海豹。

　　冬季，海豹在冰下捉鱼的时候，为了能吸一口新鲜的空气，喜欢把脑袋从冰窟窿里探出来一小会儿。

　　在冬天的芬兰湾，这样的场景很常见，海豹们从冰层下面探出头来喘气或者是爬到冰层上面休憩的时候，就是捕猎它们的最好时机。

**❷叙述**
　　描写了冬天拉多加湖的海豹数量很多。

　　很多海豹为了追捕鱼儿，也会一直游入涅瓦河。[②]拉多加湖简直就是一个海豹捕猎场，那里的海豹数量极其庞大，让你意想不到。

## 抛弃武器

　　此时，森林勇士公驼鹿和小个子的狍子，它们头上的犄角脱落了。

　　公驼鹿像是铁了心要扔掉自己头上沉重的武器似的，在树干上不停地蹭呀，磨呀，最终把犄角给磨掉了。

两只狼发现了这个失去了"武器"的勇士，感觉现在是捕食的最佳时机，因此主动对公驼鹿发出了攻击。

这两只狼一只在前，一只在后，兵分两路，夹击公驼鹿。

只见公驼鹿抬起坚硬的前蹄，对着前面那只狼的头就是一脚，直接把狼的头盖骨踢碎了。①接着，它迅速转过身子，对着另一只狼一阵猛踢，这只满身伤痕的狼倒在雪地上，好不容易才爬起来，一瘸一拐地逃走了。这场战斗就这样结束了，真的是出乎意料。

**❶动作描写**·········
描写了狼被没有犄角的驼鹿打败了，说明了驼鹿很厉害。

这几天，公驼鹿和狍子头上都已经长出了新角，只是还没有长硬，看起来就像是个隆起的肉瘤，表皮上蒙着一层细细的柔软绒毛。

## 冬泳爱好者

我们的通讯员在波罗的海铁路上的加特奇纳车站附近的一条小河旁，看到了一只黑肚皮的小鸟儿。

📖**读书笔记**

那天早上，艳阳高照，但是温度极低，冷得可怕。我们的通讯员三番五次捧起雪来摩擦着他冻僵了的双手和冻得发红的鼻子。

让他感到惊讶的是，有一只鸟儿在冰面上兴高采烈地唱歌。

他想仔细观察一下小鸟，于是慢慢靠近小鸟。这时，小鸟突然跳了起来，"扑通"一声，一个猛子扎进了冰窟窿。

②我们的通讯员害怕极了，他担心这只鸟会被淹死，想救起这只发了疯的鸟儿，于是赶紧跑到冰窟窿旁。

**❷心理描写**·········
写出了通讯员担心的心理。

谁知，小鸟正用翅膀划水呢，就像是游泳的人用双臂划水一样，姿势非常优美。

鸟儿那黝黑的脊背在清澈的水里闪烁着，像是一条银色的鱼。

小鸟猛一下潜到水底，用尖锐的爪子抓住河底的沙子，在河底奔跑起来。走到一个地方它突然停住了，用嘴把一块小石头掀翻，捉住了一只黑色的甲虫。

❶动作描写·········

小鸟没有被冻着的迹象，不得不让人怀疑这结冰的河水不冷。

①过了很长时间，它从另外一个冰窟窿里钻了出来，跳到冰面上，抖了抖身子，跟没事人一样又唱起欢快的歌来。

我们的通讯员很惊讶："这里是温泉吗？"他将自己的手伸进小河里来感受水温。

但他立刻把手抽了出来，河水冰冷刺骨，手像是被冻掉了一样。

我们的通讯员明白过来，这只小鸟叫河乌。

河乌和交嘴鸟一样，也是挑战森林法则的居民。它的秘密是羽毛上那层薄薄的脂肪。这层脂肪在它潜入水中的时候就会出现一层层银光闪闪的小气泡。②它们像是一件防水雨衣，会把冷水隔绝在羽毛外面。因此，即使在冰冷的水里，河乌也不会觉得寒冷。

❷比喻·········

形象说明了河乌羽毛的功能，也生动解释了河乌为什么能在冰冷的水里轻松跳跃。

河乌在我们列宁格勒是稀客，只有冬天才会来。

## 要惦记着冰层下的鱼儿

接下来，我们来了解下那些在冰层下的鱼儿的生活吧。

在冬天，鱼儿都会潜到水底的深坑里睡觉。它们的头顶上是一层坚冰。几乎是到了 2 月份，冬末时节，池塘和湖泊里的空气变得越来越少时水底沉睡的鱼儿会有点儿喘不过气来，几乎要闷死了。这时，心绪不宁的鱼儿会游到冰层的下方，把嘴巴张得很大，努力捕捉着冰上面的小气泡。

这些鱼儿很可能因为没有充足的空气全部窒息而死。因此，当春暖花开，冰雪融化后，你拿着钓竿来钓鱼，却发现无鱼可钓。

我们要时刻惦记着这些鱼儿。为了能让鱼儿呼吸到新鲜的

读书笔记

空气，记得要在结冰的池塘上或者湖面上凿出几个冰窟窿，并且要留意不能让冰层再次冻上。这样，水底的鱼儿就能在水下安稳地睡觉了。

## 意想不到的雪下世界

整个冬季，森林里一片寂静，整个大地都被积雪覆盖得严严实实的。只有狂风卷着白雪在原野上奔跑。① 你肯定会好奇：在这雪海下面，还会有什么生命存在吗？还会有其他的森林居民吗？

我们的森林通讯员为了看看大地把它珍视的孩子藏在了什么地方，特意在掀开大地的"棉被"，在林中的空地上和田野的积雪间挖了一些很大的深坑。出乎意料的是，在那里，我们的通讯员发现了一些可爱的家伙：

有许多绿色的小叶簇，还有尖尖的小嫩芽和各种草类的绿色小茎都从干枯的草皮里钻出来，即使它们一直被积雪压得贴近冰冷的地面下，也依然生机勃勃。看着它们都还是那么的鲜活，真令人感到惊奇啊！

② 这看似死气沉沉的白色海洋底下，竟然还有那么多存活的生灵，如草莓、蒲公英、三叶草、触须草、狗牙根、酸模等，纷纷展现着自身的生命力，呈现出一片绿意盎然的景象。青翠欲滴的繁缕上面，甚至还长出了小小的花蕾。

森林通讯员在所挖雪坑的坑壁上发现了一些圆圆的洞孔。这些看起来像是小兽们挖掘的地下通道，被铁锹切断了。它们其实都非常聪明，因此总会找到食物。老鼠和田鼠在冰雪覆盖的大地下面，每天啃食美味而富有营养的植物细根，而凶猛的鼬鼱、伶鼬、白鼬等，会把捕食目标放在啮齿小动物以及那些在雪地上歇脚的鸟类身上。

❶心理描写
看着整片森林被大雪覆盖，一片死寂，难免会好奇还有没有生命存在，有没有小动物生活。

❷对比
通过对比大雪上面的死寂和大雪下面生机盎然的景象，更生动地表现了植物们的顽强生命力。

**❶外貌描写**
生动地描绘
出熊宝宝出生时
非常可爱的样子。

最幸福的孩子就数熊宝宝了，它们虽然出生在冬天，但是一点儿也不畏惧寒冷的天气。① 它们刚出生的时候，个头像一只较大的老鼠。它从娘胎里出来就带着衣裳，并且是名贵的"皮毛大衻"。

更令人惊奇的是，老鼠们也在冬天产崽。刚出生的鼠宝宝很小，并且身上光溜溜的。它们不畏严寒的原因并不是自身不怕冷，而是鼠妈妈给它们准备了很暖和的窝。鼠妈妈会用自己的乳汁哺育这些小家伙。

我们的科学家已经调查清楚，只要一到冬天，老鼠和田鼠就会从夏天住的洞里搬家，迁到雪底下和灌木丛低矮的枝条上。那可是个御寒的好地方，就像别墅一样。因此，尽管刚出生的鼠宝宝没有穿"衣服"，它们也能在里边安全地过冬。

✒ 读书笔记

_____

_____

_____

_____

## 春天的预兆

这个月天气依然很冷，但是也显示出了一些春天的迹象。地面上的积雪仍然很厚，但不再是以前那样白雪皑皑了，变成了浅灰色，某处地面上甚至出现了蜂窝状的小洞，屋檐上挂着的小冰柱也在逐渐变小。这些小冰柱每天都会滴滴答答地往下流水。顺着水滴往下看，你会发现地上形成了很多的小水洼。

**❷景物描写**
描写天空随着太阳出来的时间变长而不停地变换着颜色，生动地描绘了天空美丽奇幻的景色。

太阳出来的时间变得越来越长，阳光也变得很温暖；② 天空一天比一天湛蓝；浮云也不再是那灰蒙蒙的颜色了；偶尔会有大片的云朵从天空飘过。

太阳一出来，窗外的山雀就会唱起快乐的歌："天气暖和了！天气暖和了！"

夜里，猫儿会爬上屋顶嬉戏，像是在开音乐会和运动会。

森林里偶尔会发出一阵有规律的鼓声，像一首欢快的歌儿。

那是啄木鸟在咚咚地敲着树干。

① 密林里，云杉和松树下面还有许多积雪，在这雪地上，出现了许多神秘的符号和图案。如果猎人看到了这些图案，肯定会激动得跳起来。这正是森林里有名的大胡子——松鸡留下的，它们用有力的翅膀在雪地上划出来的。这也意味着，不久之后，松鸡们要开始交配。森林的音乐会马上要开始了。

**① 提问**

引起读者的好奇，使之继续往下读。

# 城市要闻

**读书笔记**

## 街上的斗殴事件

春天，同样也来到了城里。

大街小巷，总会发生那么一两起斗殴事件。

小麻雀们丝毫不在意穿梭的人群，它们在街头巷尾飞来飞去，彼此啄着对方颈部的羽毛，被啄掉的羽毛四处乱飞。

虽然雌麻雀不参与这样的斗殴事件，可是对于那些爱打架的家伙，雌麻雀也无可奈何。

到了晚上，房顶上的猫儿就开始打斗起来，两只公猫常常打得你死我活。有时候，还有一只猫会被打得滚下来。

② 然而，猫十分灵活，身手敏捷，即使从房顶摔下来也不会有生命危险，顶多跛几日，就又恢复了斗志。

**② 叙述**

可见猫儿的好斗心非常强。

## 修房造屋

这会儿，城里的居民都开始为修房造屋忙碌起来了。

老一辈的鸽子、麻雀和乌鸦把心思放在了修缮上个春天留下的旧巢上画；年轻的鸟儿们因为夏天才出生，不得不为自己的小家庭建造一个新窝，为孵育宝宝做好准备。大家需要各种各样的建筑材料：树枝、马鬃、稻草、羽毛……无论是哪种材料建造的房屋，看上去都是那么温馨、暖和。

## 为鸟儿们做食槽

❶心理描写
"我们"同情鸟儿们，就给鸟儿们提供食物。

舒拉是我的同学，我们都很喜欢小鸟。① 当我们看到啄木鸟、山雀等鸟儿们在这片死寂的大地上很难找到食物时，我们的同情心被激发了。为了给心爱的小鸟们提供食物，我们亲手做了一个食槽。

因为鸟儿们在经过我家周围那些树的时候，总会有一些飞到树上寻找食物。所以，我和舒拉就利用三合板做成了一个小食槽，把它挂到屋子旁边的一棵树上，每日都在食槽里放一些鸟儿们喜欢的谷物。

时间一长，鸟儿们就不再怕我们了。它们每天都会来到这棵树上，习惯性地吃起食槽里的食物来，它们看起来真的开心极了。当然，我们也开心极了。

❷祈使句
号召小朋友们一起动手给鸟儿提供食物。

为鸟儿提供食物，是件多么有意义的事啊。② 小朋友们，你们也赶紧动手，参与进来吧！

发自驻森林通讯员　瓦西里·格里德涅夫

亚历山大·叶甫谢耶夫

## 特别的交通标识

你看见城市街道拐角处的房屋上竖立着的特殊标识了吗？它们是圆形的，里面有一个黑色的三角形，黑色三角形里画着一大一小两只白鸽。

是的，这个特殊的标识是关于鸽子的，它的寓意是："小心鸽子！"

❸叙述
可见大家都非常爱护鸽子。

最早将这种"小心鸽子"的标识设置在行车道上的是莫斯科，这是由一个名叫托尼娅·科尔金娜的女学生发起的。③ 在莫斯科，司机们一旦看到这个标识，就会有意识地减慢车速，并且十分小心地从马路上的鸽群旁绕过去。聚集的鸽子有白色的、灰色的、咖啡色的，还有黑色的。无论大人还是小孩，都非常喜欢这些鸽子，大家给鸽子们带来了米粒、面包屑等食物。

如今，我们在列宁格勒或者其他大城市里，同样能够见到这种特殊标识了。市民们以爱护鸟类为荣，很多人都会去给这些象征和平的鸟儿们喂食，观赏这些可爱的鸟儿。

## 回归故里

最近，在埃及、伊朗、印度、美国、法国、英国、德国等国家，还有地中海一带的国家，都有热心肠的人给《森林报》编辑部寄信来。从这些信中，我们获知了令人兴奋的消息——鸟儿们已经踏上了归乡的旅途！

大地上的冰雪刚刚开始融化，鸟儿们就纷纷展开翅膀出发了。它们飞过一寸又一寸土地，掠过一片又一片水面。当冰雪完全消融，江河开始歌唱的时候，大家就该到家了！

## 积雪下的生长

① 今天的天气真好，阳光把大地晒得暖暖的，积雪也慢慢地融化着。为了给花盆添上新土，我得去外面挖些泥土，当然，还可以顺便瞧瞧那些专门为鸟儿开辟的小菜园。

小菜园里那些鲜嫩的繁缕，是我为心爱的金丝雀种的。它们的叶子非常多汁，因此得到了金丝雀的钟爱。

我想，大家都应该认识繁缕吧？它的小叶子是淡绿色的，柔弱的根茎又细又嫩，彼此交错缠绕着，还有一些小花朵点缀在茎叶间。

繁缕有着顽强的生命力，它紧贴着地面，努力地生长。② 要是你将它种在菜园里，无需特别照顾，它也能够长得密密麻麻的，而且一不小心还会爬满整个园子，将整片菜地占领。

**读书笔记**

❶环境描写
描写了此时春天的景象。

❷假设
表现了繁缕生命力强、生长迅速的特点。

213

秋天，我才将繁缕的种子撒下。播种的时间的确太晚了。当幼芽刚刚破土，天气就变冷了，这些芽儿甚至还没来得及长成结实点儿的幼苗，就被积雪覆盖了。

我想，它们该是活不了了吧。

可是，结果往往出人意料。我刚一走进小菜园，就看见了一株株生机勃勃的繁缕。看来，那些曾经娇嫩的幼芽，不仅挨过了积雪的寒冷与重压，而且在雪下悄悄地生长着。如今它们已经褪去了当初的稚嫩与纤弱，变成了顽强的小植物。它们纤细的茎上长满了无数鲜嫩的淡绿色的小叶子。① 瞧，那儿还有好几株繁缕开出了小花朵哩！

这的确堪称奇迹！被积雪覆盖的繁缕，在冬季的严寒里，悄悄生长着！

发自尼·巴甫洛娃

❶感叹句
描写了"我"看到几朵开放的繁缕花朵时的惊喜之情。

## 比太阳早起的新月

（少年自然科学爱好者的日记摘录）

📖读书笔记

今天，我看到了一件非常神奇的事：今早，我起得比以往更早。于是当太阳刚刚爬上天空的时候，我竟然看到天边有一轮新月——它比太阳起得还早！

新月出现的时间往往是傍晚或日落之后，因此我们几乎不太可能看到比太阳还先升起的月亮。可是就在今天，我居然看到了比太阳还先挂在天空的新月！其实，这是昨晚的月亮还未下班。

② 那轮新月在天空高高地悬挂着，好似一把弯弯的细镰刀。珍珠色的光亮在金黄色的朝霞的映衬下，显得格外温馨。我第一次见到这样柔美的月亮，实在是太激动、兴奋了！

发自驻森林通讯员　维利卡

❷比喻
生动地描绘出新月的形状。

# 穿冰外衣的小白桦

（少年自然科学爱好者的日记摘录）

原本昨夜不算太冷，可是后来林子里却下了一场小雪。湿乎乎的小雪花飘落下来，给园子里那棵光秃秃的小白桦穿上了雪白的外套。小白桦每条枝干都被雪包裹着，它会不会感到冷呢？到了凌晨，空气变得更加寒冷了。

今天，当太阳爬上明净的天空时，我突然发现，阳光下的小白桦好像被人施了魔法一般，变得如此美丽迷人：它在雪地里傲然挺立着，一层晶亮的白釉似的薄冰从下到上地包裹着它，就连顶端那些细小的丫枝也不例外。①小白桦通体晶莹，在阳光下变成了玉树琼枝。

❶比喻••••••••
　　形象地表现出小白桦的美丽。

不一会儿，飞来了三五只长尾山雀。那又厚又蓬松的羽毛把山雀们变成了一团团白色的小绒球，那几根长羽毛就活脱脱地变成了插在绒球上的棒针。这些小绒球停落在小白桦上，它们在枝头站着，东张西望地寻觅着食物。

然而，由于小白桦被薄冰包裹着，爪子根本抓不牢，它们老是打滑。于是，它们就用小嘴去啄那些冰壳，发出一阵阵细细的声音，似乎这棵小白桦是用玻璃做成的。

✒读书笔记

山雀们努力了一阵，但那些冰壳对它们而言，实在太坚硬，它们只好叽叽喳喳地抱怨着，然后飞走了。

太阳越爬越高，阳光变得更加暖和了，小白桦的冰外套变成了一股股清凉的水，顺着枝干缓缓地往下流。在阳光下，这些流动的冰水变得绚烂夺目，好似一条条飞舞的小银蛇。

这时，那些飞回来的山雀们又纷纷停落在白桦的树枝上，它们并不担心自己的小爪子会被弄湿。现在，它们的小爪子牢牢地抓住了树枝，再也不会打滑了。因此，它们开心极了。在这棵脱去冰衣后的小白桦上，它们找到了可口的食物，美美地吃了一顿早饭。

发自驻森林通讯员　维利卡

## 是谁在歌唱

今天的天气虽然十分寒冷，可是阳光却很明媚。

① "晴——儿——回儿！晴——儿——回儿！"

**① 拟声**

体现了荏雀声音的活泼、甜美、动听。

花园里响起了简单而欢快的歌声，这是早春的歌声。是谁在歌唱呢？原来是荏雀。它们挺起金黄色的胸脯，站在树枝上大声地歌唱着。

只有这样活泼的鸟儿，才能唱出如此快乐的早春之歌，它们好像在对人们说：

"春天来了，脱掉大衣！春天来了，脱掉大衣！"

## 绿色的接力赛

从 1947 年开始，全国优秀少年园艺家选拔大赛每年都要举办一次，这场绿色的接力赛将是漫长而富有意义的。

1947 年，500 万名少年园艺家从春姑娘的手里接过了神奇的绿色接力棒，他们要把接力棒交到 1948 年的春姑娘手中。对于每一位少年园艺家而言，这一年的路程走得都不容易。然而，少年园艺家们都出色地完成了这场接力赛。他们既对已有的树木进行了有效的保护，又种下了自己的树，并且对每一棵树、每一丛灌木都进行了精心的培养。

绿色接力赛一年接一年地持续着，一批批少年园艺家传递着春天的接力棒。每一场接力赛后，都会如期召开少年园艺家大会。

去年，又有好几百万少先队员与其他中小学生参与到绿色

**📖 读书笔记**

接力赛中。每一位少年园艺家都成功地完成了接力赛。① 大家共栽种了好几百万棵果树、浆果灌木等，新造的树林和公园有几百公顷。随着绿色接力赛的不断发展，相信今天这场接力赛盛会必定会吸引更多的少年参与。

虽然在竞赛的条件方面，今年与去年相比并没有什么多大的变化，可是却有更多的事情需要做。比如，为了让明年春天可以栽更多的树，今年每一个学校都需要开辟一块园地，专门种植果树苗。

再如，为了让人们拥有更多的林荫道，今年需要少年园艺家们在更多的公路两边种上树木，达到绿化更多街道的效果。

此外，为了保护更多的土地，还需要少年园艺家们在一些峡谷地带种上更多的灌木，起到巩固土壤、防止沟壑土壤滑坡的作用。

由此可见，今年的绿色接力赛任务将更加艰巨。我们要虚心向老园艺家们请教，获得更多好的方法，才能顺利完成任务。

### 最终时刻的急电

第一批秃鼻乌鸦来到城市，就标志着漫长的冬季终于离开了。森林里洋溢着一片迎春的喜悦，新年的气息四处弥漫。

此刻，让我们重新翻看《森林报》，再从第一期读起吧。

# 打靶场

## 第十二场竞赛

1. 什么动物在冬季倒挂着睡觉？

2. 刺猬用什么方法过冬？

3. 松鼠在冬季不会吃什么？

① **列数字**

说明大家都积极响应号召，参与种植绿化的活动。

✎ 读书笔记

217

4. 什么鸟儿四季都能育雏，即使是冬天也不例外？它用什么食物育雏？

5. 冬季，山雀对人是有益还是有害？

6. 貛在冬季对人类是有益还是有害？

7. 什么鸣禽会在冬季钻到冰下寻找食物？

8. 做椋鸟巢时，为什么要在底部入口的地方封上三角形的小木板？

9. 骨骼露在体外的是什么动物？

10. 蛋壳里的雏鸡如何呼吸？

11. 如果在冬天，把刚从雪地里挖出来的青蛙带到火炉旁烤一烤，会有什么情况发生？

12. 麻雀的体温是冬季更高，还是夏季更高？

13. 冰层下的海豹是利用什么进行呼吸的？

14. 森林和城市，哪里的雪先融化？为什么？

15. 什么鸟儿的到来，说明春天开始了？

精华赏析

本章主要写了在冬天最后一个月，也是最难熬的一个月里的场景，小动物们储藏的粮食都吃完了，到处都有冻死、饿死的小动物的尸体。但是也有小动物、植物们在为这寒冬增添着生命力。迁徙的鸟儿们也准备回归，这预示着春天的到来。

延伸思考

1.蝙蝠是怎么冬眠的？

2.为什么河乌在冰水里不觉得冷？

3.城市为哪种动物设立了特别的交通标识？

相关链接

冬蛰，即冬眠，是指某些动物在冬季时生命活动处于极度降低的状态，是这些动物对冬季外界不良环境条件的一种适应。熊、蝙蝠、刺猬、极地松鼠等都有冬眠的习惯。

# 打靶场答案

## 第一场竞赛

1.3 月 21 日（春分）。

2.脏的雪融化得快。

3.软毛母兽通常在春季怀孕。

4.飞虫。蝙蝠要等它们捕食的飞虫先现身。

5.款冬、毛茛。

6.白山鹑。冬天，它们的羽毛是雪白色的，春天和夏天，它们的羽毛上则长满斑纹。

7.雪化以前，雪兔毛是灰色时。或者当雪已经融化，而雪兔的毛还是白色的时候。

## 第二场竞赛

1.羊肚蕈和编笠蕈。

2.拖拉机在耕地的时候会把泥土里的虫子犁出来，如甲虫幼虫和其他昆虫。秃鼻乌鸦就会飞过去吃掉它们。

3.乌鸦窝很浅，像盘子一样呈扁平状；喜鹊窝呈球状。

4.家燕

5.森林或者园子的树洞里。

6.要衔着它们的毛回去筑巢，或者啄食它们皮毛里的昆虫及其幼虫。

## 第三场竞赛

1.蚂蚱的腿上有小小的刺，翅膀呈锯齿状。当它们摩擦时就会产生响声。

2.尾巴。

3.因为雄麻鸦会发出公牛一样的叫声。

4.8 条腿。

5.甲虫长有两对翅膀，外面是一对硬翅，起到保护内翼的作用。

6.秧鸡、黑水鸡。

7.碎蛋壳被椋鸟从窝里叼走，扔到较远的地方。

8.蚂蚱。它的听觉器官没有在它的头上，是在前面的一对小腿上。

## 第四场竞赛

1.6 月 21 日　夏至，是北半球白昼最长的一天。

2. 刺鱼。

3. 小老鼠。

4. 在沙岸上生活的海鸥和沙锥。

5. 与沙子和鹅卵石的颜色相近。

6. 后腿。

7. 一共有五根。三根长在背上，两根长在腹下。

8. 入口在上面的是家燕的窝，入口在旁边的是金腰燕的窝。

9. 鸟儿只要发现有人用手摸过鸟蛋，就马上舍弃这个窝。

10. 有。

11. 翠鸟。

12. 因为它们在窝外装点了树上的青苔，对窝巢进行了伪装。

13. 不一定。燕雀、金翅雀、篱莺等需要孵两次卵，麻雀、黄鹂等则要孵三次才行。

14. 有。这是一种生活在沼泽里的植物——毛毡苔，是捕食昆虫的能手。只要蚊子、飞蛾和其他昆虫落到它那圆圆的、黏黏的叶子上，就会被捉住吃掉。狸藻也是这样，只要小虾、小虫和小鱼不小心钻进它的捕虫囊，那么它们的性命也会不保。

15. 银色水蜘蛛。

16. 杜鹃。

## 第五场竞赛

1. 雏鸟喙上的"破壳齿"对于它来说十分重要。雏鸟就是依靠破壳齿帮助自己出来的。破壳齿原来只是一块坚硬的突起，接着变成尖锐的牙齿，雏鸟出世后，则会慢慢脱落。

2. 有尾巴的牛。牛的尾巴很重要，可以帮助它撵走那些骚扰它的虫子，让它安心地吃草。如果没有尾巴，牛在吃草的时候便会经常晃动脑袋，就不利于进食了。

3. 因为它的腿容易折断，折断之后，走起路来跟割草的动作一样。

4. 夏天。因为夏天会有许多幼鸟、幼兽可以作为捕食的对象。

5. 鸟类。

6. 很多昆虫都是如此，比如蝴蝶：由卵变为幼虫，幼虫变为蛹，最后由蛹化为蝶。

7. 杜鹃的雏鸟。杜鹃的雏鸟是被别的鸟儿养大的，杜鹃只是产蛋而已。

8. 黑色的喙是年幼的秃鼻乌鸦的，灰白色的喙是年长的秃鼻乌鸦的。

9. 刺鱼。

10. 蜜蜂结束生命的时间是在蜇人后。

11. 蝙蝠妈妈的奶。

12. 正对着太阳的方向，正南方。

## 第六场竞赛

1. 与它本身排开的水一样重。

2. 蜘蛛埋伏在旁边时，有一只腿会紧紧地抓住连着蛛网的一根蛛丝。一旦有苍蝇等猎物落网时，蛛网就会产生振动，那根蛛丝牵动蜘蛛的腿，它便知道有猎物落网了。

3. 蝙蝠，还有鼯鼠。鼯鼠的脚趾间有皮膜相连，可以滑翔几十米的距离。

4. 大群地集结起来，一起对付猫头鹰，叫喊、扑击，直到把它赶走为止。

5. 在晴朗的白天，风把蛛丝吹起来，并带起小蜘蛛飞到空中。

6. 蜉蝣。

7. 燕子是在飞行中捕食苍蝇、蚊子和其他飞虫的。天气晴朗的时候，空气干燥，这些虫子飞得比较高；而天气潮湿的时候，空气中水分较重，这些虫子就飞不高了，于是燕子也低

飞捕食。

8. 家鸡的尾部尾脂腺会分泌一种油脂。它们这样做，是为了将油脂涂抹到羽毛上，防止羽毛被雨淋透。

9. 在下雨前，蚂蚁会躲到蚁穴中，并把所有的洞口都堵上。

10. 各种会飞的昆虫，如苍蝇、蜉蝣、水蛾等。

11. 熊。

12. 在泥泞中或是河岸、湖岸和池塘边。会有许多鸟儿集结在这些地方，留下一串串清晰的脚印。

13. 身上的羽毛是黑色的，头顶上的冠毛是红色的。

14. 马勃菌的芽孢。马勃菌成熟的时候，只要轻轻触碰它，便会从裂缝中喷出一阵烟雾，也叫"鬼喷烟"，它的芽孢便是这些烟雾。

## 第七场竞赛

1. 从秋分日开始，9 月 22 日。

2. 兔子。最后出生的那批小兔子被称为"落叶兔"。

3. 山梨树、槭树。

4. 不是所有的鸟儿都向南飞。像小鸣禽嘟嘟鸟、朱雀、鳍足鹬会经过

乌拉尔山，向东飞。

5. 因为老驼鹿的角很像木犁。

6. 兔子和鹿。

7. 雄黑琴鸡。它们在春天和秋天求偶时会发出咕噜咕噜的叫声。

8. 生活在地面上的鸟类，脚需要走路，所以脚趾分得很开。这种鸟走路时双脚是轮换的，所以脚印在同一条线上。生活在树上的鸟类，脚需要抓树枝，所以脚趾收紧。这种鸟走路时双脚同时跳跃，所以脚印是双行的。

9. 说明这个地方有动物尸体或受伤的动物。

10. 因为雌鸟要负责下蛋、孵鸟。如果打死雌鸟，第二年这个地方的野禽就会变少。

11. 蝙蝠。它的长脚趾连着蹼膜。

12. 第一次寒流袭来时它们中的大部分都死去了。还有一小部分钻进了树木、篱笆、房屋的缝隙中，还有一些在树皮的下面越冬。

13. 面向太阳落山的方向。在晚霞中他会清楚地看见飞过的野鸭。

## 第八场竞赛

1. 往山上跑容易。因为兔子前腿短后腿长，向山上跑更容易。

2. 树叶落光的时候，我们能清楚地看见树上的鸟巢。

3. 松鼠。秋天的时候，它们把蘑菇搬到树上，挂到树枝上，冬天没有食物的时候就吃这些蘑菇。

4. 水老鼠。

5. 这样的鸟很少。猫头鹰为自己收集死鼠藏在树洞内，松鸦收集橡子、核桃等坚果。

6. 蚂蚁会把蚁穴所有的出入口都堵住，然后挤在一起过冬。

7. 空气。

8. 秋季。因为秋季时鸟长得很胖，脂肪很厚，羽毛紧密，这些能保护它免受霰弹的打击。

9. 蝴蝶的。

10. 昆虫有六只脚，蜘蛛有八只脚，所以蜘蛛不是昆虫。

11. 躲在水底、石头下、泥坑、淤泥或苔藓下，有些甚至钻进地窖里。

12. 每一种鸟的脚都和它的生活条件相适应。生活在地面上的鸟常常在地上走，所以脚趾是长长的，张得很大，脚跖比较高；生活在树上的鸟经常站在树上，所以脚趾靠得近，弯曲而且有握力，腿也较短；生活在水中

的鸟，它们的脚要用来泅水，起到桨
的作用，如鸭子的脚趾连成一片的有
皮膜，凤头鹧鹧的脚趾上有硬皮片，
这些都能帮助它们划水。

13. 田鼠。它的脚要适应掘土。

14. 猫头鹰竖起的双耳其实是两撮
羽毛，真正的耳朵在这两撮毛下面。

## 第九场竞赛

1. 在河边和湖边的洞穴里。

2. 饥饿。比如野鸭、天鹅、海鸥，
如果它们能找到食物，并且有些地方
一个冬天都不结冰的话，它们一个冬
天都不飞走。

3. 来得晚。

4. 这是人们对树木和树桩的称
呼。啄木鸟把球果塞进树木或树桩的
缝隙，以便用喙啄开它。

5. 北方的雪鹗。

6. 兔子从接连不断的一行脚印中
向旁边跳开。

7. 在果园里、丛林中和树上睡觉。
每天黄昏，人们都能看到大群的鸟儿
在这些地方聚集。

8. 当所有的湖泊、池塘和河流都
冰冻的时候。

9. 秋季和整个冬季，啄木鸟和成

群的山雀、旋木雀等结成伙伴。

10. 野兽将爪子从雪地里拔出时
会带出少量雪，然后它们会用爪子抹
平。这些用爪子抹过的痕迹就叫"爪
迹"。

11. 白天，在阳光的照耀下，猫的
瞳孔会很小；晚上，没有了光线，猫
的瞳孔又会变得很大。

12. 兔子在雪地上来回跑过两趟的
脚印。

13. 雪地里兔子的脚印。

14. 白鼬。

15. 食肉兽的颌骨有大而明显突出
的犬齿，这些犬齿是用来撕咬肉的。
食草动物的牙齿不突出，是用来扯断
和磨碎植物的，但是食草动物有强劲
的门牙。

## 第十场竞赛

1. 12 月 22 日（冬至），北半球一
年中白昼最短、黑夜最长的一天。

2. 猫。之所以在猫的脚印里看不

见爪印，是因为猫在行走时，会将自
己的爪子缩起来。

3. 水獭与水貂。因为它们的食物

都是鱼。

4. 不会生长。

5. 因为刚刚下过雪，野兽们在地面上留下的脚印很清楚，所以跟着脚印去找，就能够找到野兽。

6. 山鹑、黑琴鸡和花尾榛鸡。

7. 在田野里，应穿白色外套，因为和雪的颜色接近，便于伪装，不容易被发现；在森林里，应穿灰色的外套，森林颜色多，灰色最不显眼。

8. 因为兔子在奔跑过程中会向前伸着两条长长的后腿。

9. 不在那儿筑巢，也不会孵化小鸟。

10. 黑琴鸡。

11. 丘鹬，因为这样它们能将喙伸进很深的泥土里取食物。

12. 麝鼩，因为它们身上有浓烈的麝香味，而狐狸等小型的食肉类动物具有非常灵敏的嗅觉，非常排斥这种刺鼻的气味。

13. 鹞鹰或猫头鹰在捕捉兔子时，会用一只爪子抓住兔子，另一只爪子则紧紧地抓住树枝或灌木条。受惊的猎物通常会拼命地奔逃，产生巨大的牵引力。而猎手的脚爪还是死死地抓住枝条。有时候，甚至会发生猎物被撕成两半的情况。

14. 子弹打穿了它的身体，所以脚印两旁留下了血迹。

## 第十一场竞赛

1. 小动物更怕冷。因为体形大的动物往往能够用身体储蓄更多的热量。同时，小动物的体表相对于自己的体积而言比较大，大型动物的体表相对于自身的体积而言，反而更小。体表越大，散热越快。所以，小动物体内储存的热量更少，就更怕冷。

2. 与猫科动物不同，狼不会埋伏起来等猎物出现，而是用自己的四条腿主动追捕猎物。

3. 因为树木在冬季会出现假死状态，它们不会对水分进行吸收，所以此时砍伐的树木更为干燥。

4. 因为树每一年都会增长一圈年轮，所以我们可以通过看树木横切面的年轮，判断锯下的树木有多大树龄。

5. 因为猫科动物在捕获猎物时要先埋伏，然后突然攻击。它们讲卫生就是为了不让自己身上有什么气味，避免在埋伏时暴露行踪，使猎物警觉。

6. 因为冬季在人居住的附近，它们比较容易找到食物。

7. 并不全是这样的。也有部分白嘴鸦留下来，在当地过冬。冬天，在污水的坑边、垃圾堆旁、丛林中，还有乌鸦群居等地方，都可能看到一只或三五只白嘴鸦。

## 第十二场竞赛

1. 蝙蝠。

2. 冬眠。从秋天开始，它就会钻进用枯草或干树叶做成的窝里，然后呼呼睡大觉。

3. 不吃肉（参阅《森林报》第三期）。

4. 交嘴鸟。交嘴鸟喂养雏鸟的食物是松树和云杉的种子。

5. 有益，它会吃掉许多害虫。冬季，山雀会从树皮的缝隙里、小洞里等寻觅虫子及其幼虫、虫卵等，并以此充饥。

6. 没有好处或坏处。因为獾在冬季进入了冬眠状态。

7. 河乌。

8. 避免猫的爪子伸进椋鸟巢。

9. 骨骼露在外面的动物包括多数昆虫、虾蟹以及其他的节肢动物。这些所谓的外在的骨骼，其实是它们的外壳，由很硬的物质构成，叫作“甲壳质”。

10. 利用外壳的孔进行呼吸。

11. 青蛙会立刻死去，这是由体温骤变引起的。

12. 冬季、夏季是一样的。

13. 冰下的海豹会在冰面上打几个孔，利用孔进行呼吸。

14. 城里的雪更早融化。因为城里的雪更脏，所以颜色变深了，深色的雪吸热多，所以融化更快。

15. 秃鼻乌鸦归来之时。

## 阅读总结

### 名家心得

这无异于一部令人敬仰的圣书，其中蕴含着伟大的博物学精神。

——俄罗斯诗人 亚·勃洛克

关于比安基，我不妨说，他是绕着弯子，聪明地考虑着如何写飞禽走兽的。其实，他也依然是在教导孩子们怎样在长大后做一个真正的人。

——比安基的学生 希姆

大自然是俄罗斯人的第二个家，对大自然的深情是俄罗斯的文学传统之一。很多俄罗斯文学家把动物和植物当作真正的朋友，对自然有种亲近感，而比安基正是其中的佼佼者。

——中国俄罗斯文学研究会会长、著名翻译家 刘文飞

### 读者感悟

《森林报》里面有许多有趣的故事，它是按春、夏、秋、冬的顺序写的，为我们描绘了森林里一幅幅多彩的画面。

《大地苏醒》这篇文章讲了春天到来时的场景，鸟、兽都非常欢迎春天，小

河解冻了，小动物们不用再冬眠了。小雀儿从角落里飞了出来，扑腾着翅膀和我们一起唱歌，小云雀那双乌溜溜的眼睛好像葡萄干。

《熊终于找到了过冬的地方》讲了一只熊冬天找窝过冬的故事。人类三番五次地把熊的窝弄坏，它不得不再找一个地方过冬。看看这棵树吧！夏天，老鹰把干树枝和软草叼到这里，铺成窝，孵出小鸟。后来这个窝被废弃了。冬天，这头找不到安身之地的熊，在受到了惊吓后赶到这里来，在空中的窝里安心地睡了下来。

维·比安基的《森林报》使我更加热爱大自然，更加了解大自然，让我明白了不去大自然中仔细观察、不断实践、善于思考，就不会收获这么丰富的知识。

## 阅读拓展

伊林是苏联科普作家、工程师、儿童文学作家。他从小酷爱读书，喜欢大自然，喜欢做科学实验。童年时他仔细观察过各种生物和天象地质，这些都为他以后从文学、文艺的角度创造诗一般的科普作品打下了扎实的基础。

1914年中学毕业，伊林因成绩优异获得金质奖章。从1924年起，他还在大学念书时就开始创作科学文艺性短文。1925年毕业于列宁格勒工艺学院。1927年创作的《不夜天》是他第一部有分量的作品。此书一出版就受到读者的喜爱。在这之后的30多年中，他为青少年创作了《几点钟》《黑白》《十万个为什么》等几十部脍炙人口的作品，在普及科学知识，鼓舞人们认识自然、改造自然等方面起了巨大作用。

《十万个为什么》惠泽几代人。他还编著了《大自然的文字》等文，其中《大自然的文字》被选入苏教版小学教材。

# 真题演练

1. 从几月到几月是候鸟离乡月？（　　）

A.8—9 月　　　B.9—10 月　　　C.10—11 月

2. 蜘蛛长了几条腿？（　　）

A. 四条　　　　B. 六条　　　　C. 八条

3. 哪种动物孩子还没出生，先交给别人抚养？（　　）

A. 杜鹃　　　　B. 苇莺　　　　C. 喜鹊

4. 鸟和爬虫谁更怕冷？（　　）

A. 鸟　　　　　B. 爬虫

5. 什么野兽会飞？（多选）（　　）

A. 蝙蝠　　　　B. 飞鼠　　　　C. 袋鼠

6. 当人们看见什么鸟飞回来了就认为春天到了？（多选）（　　）

A. 杜鹃　　　　B. 白嘴鸦　　　　C. 燕子

7. 蜘蛛是昆虫吗？（　　）

A. 是　　　　　B. 不是

8. 哪种动物必须出生两次，死亡一次？（　　）

A. 鸟类　　　　B. 鲫鱼　　　　C. 鲤鱼

9. 哪种鸟"汪汪"地叫？（　　）

A. 雄白山鹑　　B. 雌白山鹑　　　C. 杜鹃

10. 动物忍饥挨饿是从几月到几月？（　　）

A.10—11 月　　B.12—1 月　　　C.1—2 月

答案

1.B

2.C

3.A

4.B

5.AB

6.BC

7.B

8.A

9.A

10.C

# 爱阅读课程化丛书 / 快乐读书吧

| 7 | 中国民间故事 | 18 | 初中生必背古诗文 | 29 | 资治通鉴 |
|---|---|---|---|---|---|
| 8 | 中国民俗故事 | 19 | 论 语 | 30 | 孙子兵法 |
| 9 | 中国历史故事 | 20 | 庄 子 | 31 | 三十六计 |
| 10 | 中国传统节日故事 | 21 | 孟 子 | | **陆续出版中……** |
| 11 | 山海经 | 22 | 成语故事 | | |

<table>
<tr><td colspan="6" align="center">中国现当代文学馆</td></tr>
</table>

| 序号 | 作品 | 序号 | 作品 | 序号 | 作品 |
|---|---|---|---|---|---|
| 1 | 一只想飞的猫 | 36 | 高士其童话故事精选 | 71 | 大奖章 |
| 2 | 小狗的小房子 | 37 | 雷锋的故事 | 72 | 半半的半个童话 |
| 3 | "歪脑袋"木头桩 | 38 | 中外名人故事 | 73 | 会走路的大树 |
| 4 | 神笔马良 | 39 | 科学家的故事 | 74 | 秃秃大王 |
| 5 | 小鲤鱼跳龙门 | 40 | 数学家的故事 | 75 | 罗文应的故事 |
| 6 | 稻草人 | 41 | 从文自传 | 76 | 小溪流的歌 |
| 7 | 中国的十万个为什么 | 42 | 小贝流浪记 | 77 | 南南和胡子伯伯 |
| 8 | 人类起源的演化过程 | 43 | 谈美书简 | 78 | 寒假的一天 |
| 9 | 看看我们的地球 | 44 | 女 神 | 79 | 古代英雄的石像 |
| 10 | 灰尘的旅行 | 45 | 陶奇的暑期日记 | 80 | 东郭先生和狼 |
| 11 | 小英雄雨来 | 46 | 长 河 | 81 | 红鬼脸壳 |
| 12 | 朝花夕拾 | 47 | 丁丁的一次奇怪旅行 | 82 | 赤色小子 |
| 13 | 骆驼祥子 | 48 | 小仆人 | 83 | 阿Q正传 |
| 14 | 湘行散记 | 49 | 旅 伴 | 84 | 故 乡 |
| 15 | 给青年的十二封信 | 50 | 王子和渔夫的故事 | 85 | 孔乙己 |
| 16 | 艾青诗选集 | 51 | 新同学 | 86 | 故事新编 |
| 17 | 狐狸打猎人 | 52 | 野葡萄 | 87 | 狂人日记 |
| 18 | 大林和小林 | 53 | 会唱歌的画像 | 88 | 彷 徨 |
| 19 | 宝葫芦的秘密 | 54 | 鸟孩儿 | 89 | 野 草 |
| 20 | 朝花夕拾·呐喊 | 55 | 云中奇梦 | 90 | 祝 福 |
| 21 | 小布头奇遇记 | 56 | 中华名言警句 | 91 | 北京的春节 |
| 22 | "下次开船"港 | 57 | 中国古今寓言 | 92 | 济南的冬天 |
| 23 | 呼兰河传 | 58 | 雷锋日记 | 93 | 草 原 |
| 24 | 子 夜 | 59 | 革命烈士诗抄 | 94 | 母 鸡 |
| 25 | 茶 馆 | 60 | 小坡的生日 | 95 | 猫 |
| 26 | 城南旧事 | 61 | 汉字故事 | 96 | 匆 匆 |
| 27 | 鲁迅杂文集 | 62 | 中华智慧故事 | 97 | 落花生 |
| 28 | 边 城 | 63 | 严文井童话故事精选 | 98 | 少年中国说 |
| 29 | 小桔灯 | 64 | 仰望第一面五星红旗升起 | 99 | 可爱的中国 |
| 30 | 寄小读者 | 65 | 徐志摩诗歌 | 100 | 经典常谈 |
| 31 | 繁星·春水 | 66 | 徐志摩散文集 | 101 | 谁是最可爱的人 |
| 32 | 爷爷的爷爷哪里来 | 67 | 四世同堂 | 102 | 祖父的园子 |
| 33 | 细菌世界历险记 | 68 | 怪老头 | | **陆续出版中……** |
| 34 | 荷塘月色 | 69 | 从百草园到三味书屋 | | |
| 35 | 中国兔子德国草 | 70 | 背 影 | | |